职业教育课程改革创新规划教材·入门教程系列

制冷设备原理与维修

主　编　韩雪涛

副主编　韩广兴　吴　瑛

U0216754

电子工业出版社

Publishing House of Electronics Industry

北京·BEIJING

内 容 简 介

  本书根据家电维修领域的实际岗位需求作为编写目标,并结合读者的学习习惯和学习特点,将制冷设备检测维修技能通过项目模块的方式进行合理的划分,注重学生技能的锻炼。全书共分 8 大项目模块。在每个项目模块中,根据岗位就业的实际需求,结合制冷设备检测维修的技术特点和技能应用,又细分出多个任务模块,每个任务模块由若干个"新知讲解"或"技能训练"子项目模块构成。这些子项目模块注重理论与实践的结合,涵盖实际工作中的重要知识与技能。以项目为引导,通过任务驱动,让学习者自主完成学习和训练。

  全书内容涵盖了国家职业资格认证考核的内容,适用于"双证书"教学与实践。

  本书可以作为电子电工专业技能培训的辅导教材,也可作为各职业技术院校电工电子专业的实训教材,同时也适合从事电工电子行业生产、调试、维修的技术人员和业余爱好者阅读。

图书在版编目(CIP)数据

制冷设备原理与维修 / 韩雪涛主编. —北京:电子工业出版社,2017.6
职业教育课程改革创新规划教材. 入门教程系列

ISBN 978-7-121-31754-5

Ⅰ. ①制… Ⅱ. ①韩… Ⅲ. ①制冷装置—维修—职业教育—教材 Ⅳ. ①TB657

中国版本图书馆 CIP 数据核字(2017)第 124091 号

策划编辑:白 楠
责任编辑:白 楠
印 刷:北京虎彩文化传播有限公司
装 订:北京虎彩文化传播有限公司
出版发行:电子工业出版社
     北京市海淀区万寿路 173 信箱 邮编 100036
开 本:787×1 092 1/16 印张:13.25 字数:339.2 千字
版 次:2017 年 6 月第 1 版
印 次:2023 年 2 月第 7 次印刷
定 价:30.00 元

前　言

随着家用电子技术的发展和人们生活水平的提高，以电冰箱、空调器为代表的制冷设备得到了迅速的普及和发展，产品的种类、型号越来越多样，已经成为人们生活中不可或缺的家用电器产品。

电冰箱、空调器等制冷设备的普及为电子电器产品的维修领域提供了广阔的市场空间，特别是制冷设备维修的岗位需求非常强烈。社会每年都需要大量从事制冷设备生产、维修的技术人员。然而，随着制冷设备的产品不断丰富，新器件、新技术、新工艺的应用大大提高了制冷设备的技术含量，制冷设备的功能越来越完善，电路结构越来越复杂，且更新换代的速度也越来越快，这些发展中的变化使得制冷设备的维修难度不断增加，社会对制冷设备生产、销售、维修等一系列岗位的人才需求提出了更高的要求。培养具备专业制冷设备维修技术的实用技能型人才成为各电子电气技术类职业院校的重要责任。

本书作为教授制冷设备检测维修的专业培训教材。为应对目前知识技能更新变化快的特点，本书从内容的选取上进行了充分的准备和认真的筛选。尽可能以目前社会上的岗位需求做为图书培训的目标。力求能够让读者从图书中学到实用、有用的东西。因此本书中所选取的内容均来源于实际的工作。这样，读者从图中可以直接学习工作中的实际案例，非常有针对性，确保学习完本书就能够应对实际的工作。

图书最大的特点就是强调技能学习的实用性、便捷性和时效性。在表现形式上充分体现"图解"特色，"即根据所表达知识技能的特点，分别采用"图解"、"图表"、"实物照片"、"文字表述"等多种表现形式，力求用最恰当的形式展示知识技能。

本书在内容和编排上下了很大的功夫，首先在内容的选取方面，图书结合国家职业资格认证、数码维修工程师考核认证的专业考核规范，对制冷设备检测维修所需要的相关知识和技能进行整理，并将其融入到实际的应用案例中，力求让读者能够学到有用的东西，能够学以致用。

在结构编排上，图书采用项目式教学理念，以项目为引导，通过任务驱动完成学习和训练。图书根据行业特点将制冷设备原理与维修中的实用知识技能进行归纳，结合岗位特征进行项目模块的划分，然后在项目模块中设置任务驱动，让学习者在学习中实践，在实践中锻炼，在案例中丰富实践经验。

在内容选取上，保证知识为技能服务的原则，知识的选取以实用、够用为原则，技能的实训则重点注重行业特点和岗位特色。

为了达到良好的学习效果，图书在表现形式方面更加多样。图书设置有【图文讲解】、【提示】、【资料链接】以及【图解演示】四个模块。知识技能根据其技术难度和特色选择恰当的体现方式，同时将"图解"、"图表"、"图注"等多种表现形式融入到了知识技能的讲解中，更加生动、形象。

在编写力量上，本书依托数码维修工程师鉴定指导中心组织编写，参加编写的人员均参与过国家职业资格标准及数码维修工程师认证资格的制定和试题库开发等工作，对电工电子的相关行业标准非常熟悉。并且在图书编写方面都有非常丰富的经验。此外，本书的编写还吸纳了行业各领域的专家技师参与，确保本书的正确性和权威性。

参加本书编写工作的有：韩雪涛、韩广兴、吴瑛、梁明、宋明芳、张丽梅、王丹、王露君、张湘萍、韩雪冬、吴玮、唐秀鸯、吴鹏飞、高瑞征、吴惠英、王新霞、周洋、周文静等。

为了更好的满足读者的需求，达到最佳的学习效果，读者除了可以通过书中留下专门的技术咨询电话和通信地址获得专业技术咨询外，还可登录天津涛涛多媒体技术公司与中国电子学会联合打造的技术服务网站（www.chinadse.org）获得技术服务。随时了解最新的行业信息，获得大量的视频教学资源、电路图纸、技术手册等学习资料以及最新的行业培训信息，实现远程在线视频学习，还可以通过网站的技术论坛进行交流与咨询。

学员可通过学习与实践还可参加相关资质的国家职业资格或工程师资格认证，可获得相应等级的国家职业资格或数码维修工程师资格证书。如果读者在学习和考核认证方面有什么问题，可通过以下方式与我们联系。

数码维修工程师鉴定指导中心

网址：http://www.chinadse.org

联系电话：022-83718162/83715667/13114807267

E-MAIL:chinadse@163.com

地址：天津市南开区榕苑路 4 号天发科技园 8-1-401，

邮编：300384

编　　者

目 录

制冷设备的基础知识

任务模块 1.1　电冰箱的结构特点

电冰箱是一带有制冷装置的储藏柜，它可对放入的食物、饮料或其他物品进行冷藏或冷冻，延长食物的保存期限或对食物及其他物品进行降温。

新知讲解 1.1.1　知晓电冰箱的整机结构

电冰箱的种类较多，设计各具特色，包括豪华多门式电冰箱、流行三门式电冰箱、经典双门式电冰箱、带有变温室的三开门、冷藏-冷冻式单门电冰箱以及车载迷你电冰箱。如图 1-1 所示为不同设计风格的电冰箱。

典型电冰箱的结构分布如图 1-2 所示，整个电冰箱被箱体罩住，从电冰箱的正面，我们所看到的为电冰箱的冷藏门、变温室门、冷冻门以及操作显示面板，操作显示面板一般镶嵌在箱体内，在冷藏门中央，以便于用户对电冰箱进行操控，并观察电冰箱的工作状态。

电冰箱的电路板、压缩机、电源线一般位于电冰箱的背部，其中有些电冰箱将电源线安装在背部的下方，以方便用户连接电源。

图 1-1　不同设计风格的电冰箱

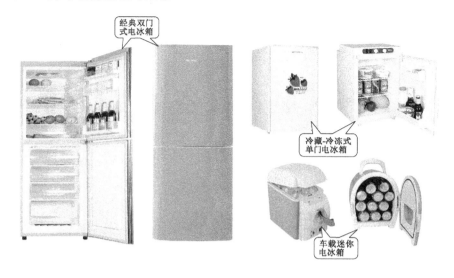

图 1-1　不同设计风格的电冰箱（续）

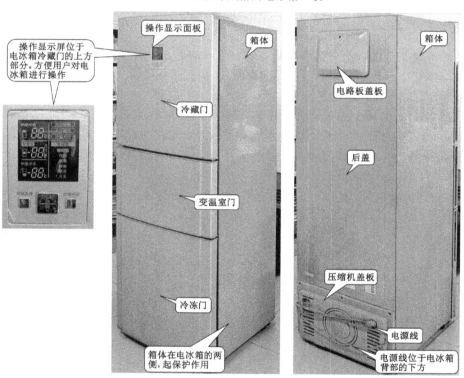

图 1-2　典型电冰箱的结构分布

【图文讲解】

如果我们将电冰箱进行分解，整个电冰箱的构造一目了然。如图 1-3 所示为电冰箱的分解示意图。压缩机组件、热交换组件以及门组件等均依附在箱体，并通过相关器件进行连接。

电冰箱的门组件安装固定在箱体的前面；压缩机组件安装固定在电冰箱背部的下方；电路板位于冷藏门的上方以及背面。

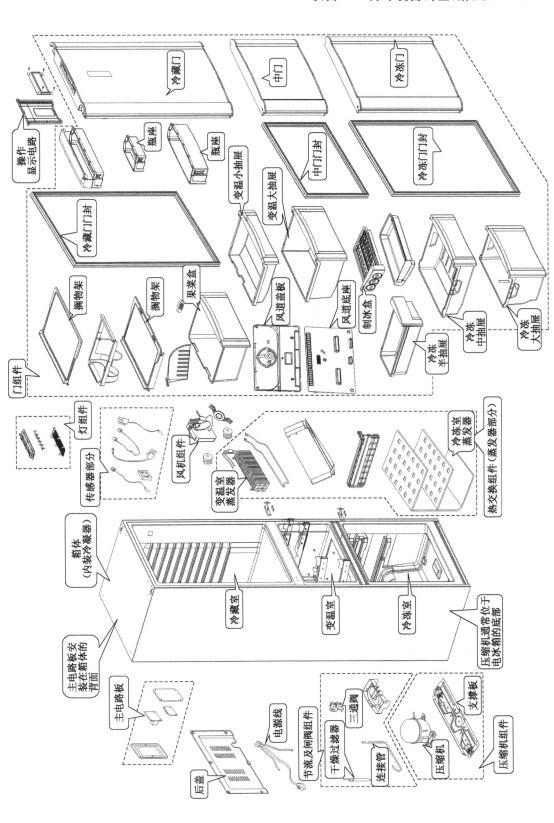

图 1-3　电冰箱的分解示意图

新知讲解 1.1.2 了解电冰箱的内部构成

对电冰箱的整机构造有所了解之后,我们继续深入电冰箱的内部,探究电冰箱的结构构成。

【图文讲解】

图 1-4 所示为典型电冰箱的内部结构。可以看到,电冰箱的内部主要是由门开关、照明灯、温度传感器、热交换组件、压缩机组件、节流及闸阀组件等构成的,它们之间通过控制电路板进行控制。

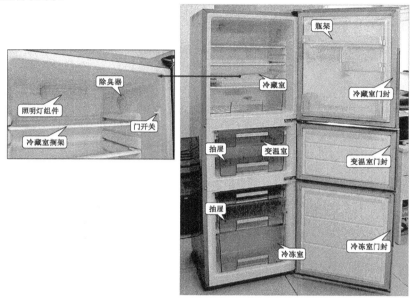

（a）打开电冰箱门后的结构

（b）电冰箱背面的结构

图 1-4 典型电冰箱的内部结构

控制电路通过接口与操作显示电路板相连。操作显示电路板安装在冷藏门的上方,便于输入人工指令以及显示电冰箱的当前工作状态。节流及闸阀组件等是电冰箱的管路部分,用于制冷剂的循环。电冰箱内部通常会安装有照明灯组件、搁架或抽屉以及除臭器等。门封安装在箱门与箱体之间,用于防止冷气外漏。

任务模块 1.2 电冰箱的工作原理

新知讲解 1.2.1 理顺电冰箱的工作过程

电冰箱是通过操作显示电路、电源电路、控制电路协同工作,而变频电冰箱还设有变频电路。电冰箱便是由这几块单元电路协同工作的,对主要部件进行控制,来实现对电冰箱管路系统制冷工作的控制。

【图文讲解】

图 1-5 所示为典型电冰箱的整机控制框图。交流 220V 电压送入电源电路,由电源电路处理后为各个单元电路和部件提供工作电压。操作显示电路板与微处理器通过连接引线传入人工指令和温度,并显示当前的工作状态。控制电路则对整机的工作情况进行控制。

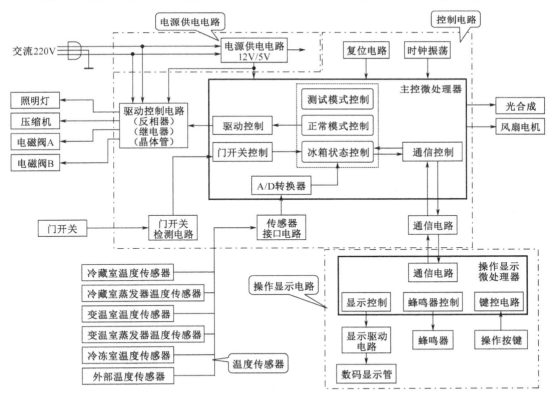

图 1-5 典型电冰箱的整机控制框图

【资料链接】

图 1-6 所示为变频电冰箱的整机控制框图。从图中可以看出,变频电冰箱是通过变频电路对压缩机的工作进行控制的,其他电路部分与普通电冰箱基本相同。

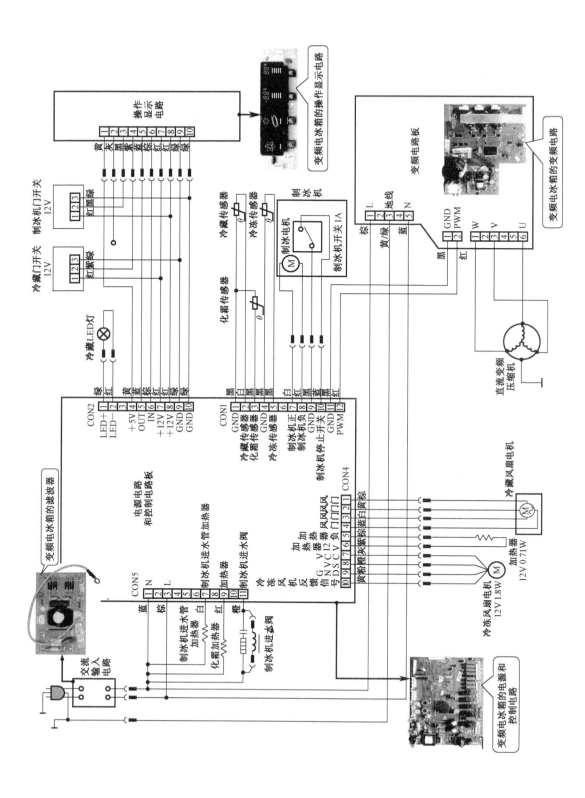

图 1-6　变频电冰箱的整机控制框图

（1）电源电路和其他电路和部件的关系

电源电路是电冰箱的能源供给电路，它将交流 220V 市电分成两路，一路直接为压缩机等供电，另一路经处理后，输出直流电压为其他各单元电路供电。

【图文讲解】

图 1-7 所示为电源电路和其他电路和部件的关系。

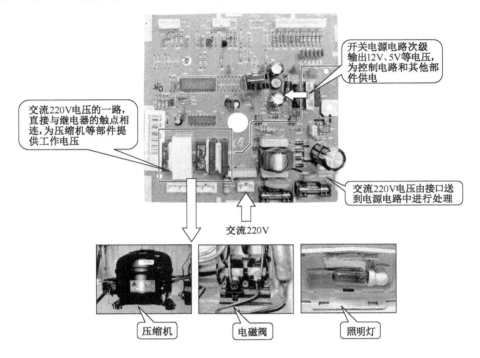

图 1-7　电源电路和其他电路和部件的关系

（2）控制电路与其他电路和部件的关系

控制电路通过对人工指令的识别，对电冰箱的压缩机、电磁阀、风扇电动机以及其他电路进行控制。

【图文讲解】

图 1-8 所示为控制电路与其他电路和部件的关系。

（3）操作显示电路与控制电路的关系

操作显示电路为控制电路提供人工指令信号，控制电路则为操作显示电路传送温度信号，并通过数码显示屏显示出来。

【图文讲解】

图 1-9 所示为操作显示电路与控制电路的关系。

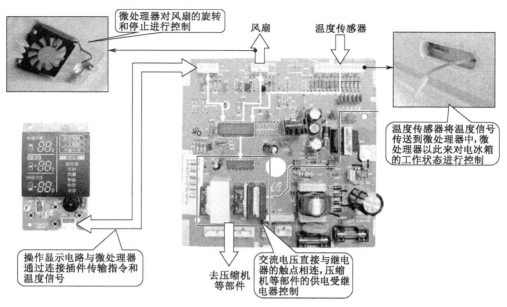

图 1-8　控制电路与其他电路和部件的关系

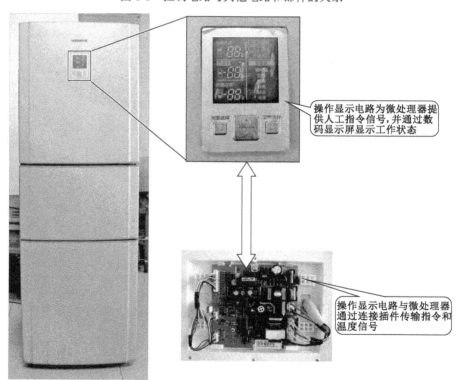

图 1-9　操作显示电路与控制电路的关系

（4）变频电路与变频压缩机的关系

变频电路的工作电压由电源电路提供，微处理器为变频电路输送控制信号，变频电路直接与变频压缩机相连，输出控制信号对变频压缩机的工作状态进行控制。

【图文讲解】

图 1-10 所示为变频电路与变频压缩机的关系。

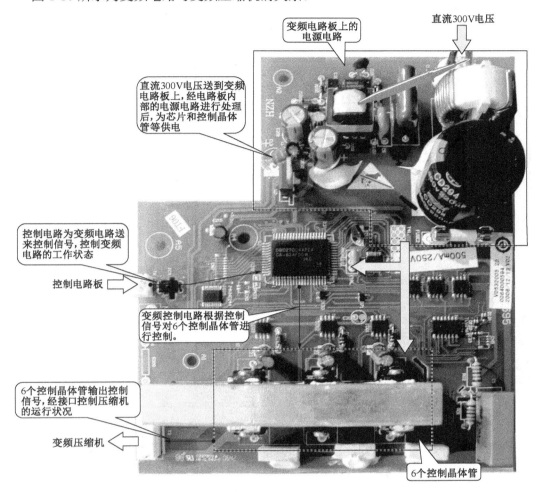

直流300V电压

变频电路板上的
电源电路

直流300V电压送到变频
电路板上,经电路板内
部的电源电路进行处理
后,为芯片和控制晶体
管等供电

控制电路为变频电路送
来控制信号,控制变频
电路的工作状态

控制电路板

变频控制电路根据控制
信号对6个控制晶体管进
行控制。

6个控制晶体管输出控制
信号,经接口控制压缩机
的运行状况

变频压缩机

6个控制晶体管

图 1-10　变频电路与变频压缩机的关系

新知讲解 1.2.2　搞清电冰箱的工作原理

电冰箱的整机工作原理,实际上就是制冷循环的原理以及电路的控制原理。制冷循环
原理是电冰箱工作的主要目的,而电路的控制原理则是为了保证制冷循环能够正常运转。

1. 电冰箱的制冷循环原理

电冰箱的制冷循环原理包括管路中制冷剂的循环原理以及箱室内部冷气的循环原理。

（1）制冷循环原理

电冰箱主要是利用制冷剂的循环和状态变化过程进行能量的转换,从而降低箱室内的
温度,来实现制冷目的。

【图文讲解】

图 1-11 所示为典型电冰箱的制冷循环原理。从图中可以看出,压缩机为制冷剂循环提
供动力,冷凝器、干燥过滤器、毛细管、蒸发器等部件是制冷剂循环系统中的各种功能器

件。制冷剂在压缩机的驱动下完成循环。进行能量转换，实现制冷。

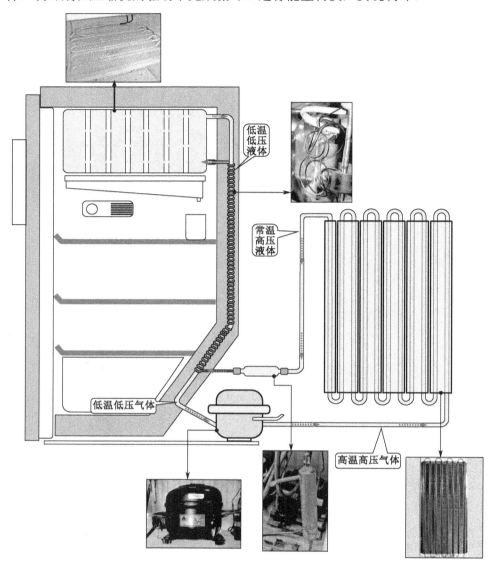

图 1-11　典型电冰箱的制冷循环原理

压缩机工作后，将内部制冷剂压缩成为高温高压的过热蒸气，然后从压缩机的排气口排出，进入冷凝器。冷凝器的功能是将制冷剂的热量散发给周围的空气，使得制冷剂由高温高压的过热蒸气冷凝为常温高压的液体，然后经干燥过滤器后进入毛细管。制冷剂进入毛细管被节流降压后变为低温低压的制冷剂液体，再进入蒸发器。在蒸发器中，低温低压的制冷剂液体吸收箱室内的热量而汽化为饱和气体，这就达到了吸热制冷的目的。最后，低温低压的制冷剂气体经压缩机吸气口进入压缩机，开始下一次循环。

【资料链接】

目前，大多数电冰箱都采用双温双控或多温多控等方式进行制冷循环的控制，双温双控电冰箱通过电磁阀对不同箱室的制冷温度进行控制，控制电路通过温度传感器对不同箱室的温度进行检测，根据温度检测信号控制电磁阀的工作。该控制方式可减少能耗，实现电冰箱不同箱室的温度需求。

图 1-12 所示为典型双温双控电冰箱的制冷循环原理。制冷剂在压缩机的驱动下完成循环。进行能量转换，实现制冷。电冰箱的冷冻室和冷藏室的制冷循环可同时进行，当冷藏室的温度达到设定温度时，冷藏室制冷循环停止，冷冻室的制冷工作继续进行。

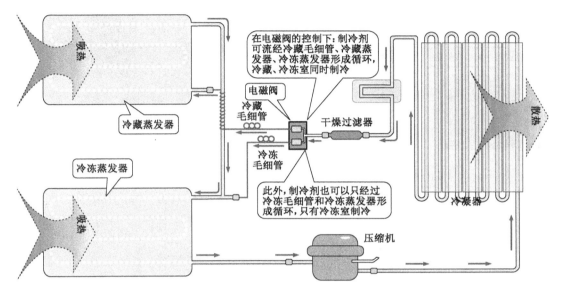

图 1-12　典型双温双控电冰箱的制冷循环原理

压缩机工作后，将内部制冷剂压缩成为高温高压的过热蒸气，然后从压缩机的排气口排出，进入冷凝器。冷凝器将制冷剂的热量散发给周围的空气，使得制冷剂由高温高压的过热蒸气冷凝为常温高压的液体，然后低温高压的制冷剂液体再经防凝露管、干燥过滤器后，在三通电磁阀的控制下，将制冷剂分为两路输送到冷藏毛细管和冷冻毛细管中。制冷剂在毛细管中节流降压后，变为低温低压的制冷剂液体送入冷凝蒸发器和冷冻蒸发器中。进入蒸发器后，制冷剂吸收电冰箱内部的热量而汽化，从而达到制冷的目的。经汽化后的制冷剂经连接管路（冷藏室蒸发器中的制冷剂还会通过冷冻室蒸发器）返回到压缩机内，再次进行压缩，如此周而复始，完成制冷循环。当冷藏室温度达到设定温度后，电磁阀动作阻断冷藏蒸发器管路，仅让冷冻蒸发器工作，达到节能、高效的目的。当重新设定冷藏室温度后，电冰箱的冷藏室制冷循环工作又开始，即电磁阀与冷藏毛细管的一端接通。

（2）冷气循环原理

电冰箱箱室内也存在内部循环，通过加快空气流动或自然对流的方式，来提高制冷效果。

【图文讲解】

在电冰箱中，有的采用冷气自然对流降温方式（直冷式降温），也有的采用冷气强制对流降温方式（间冷式降温），还有的两种方式都采用，如图 1-13 所示。

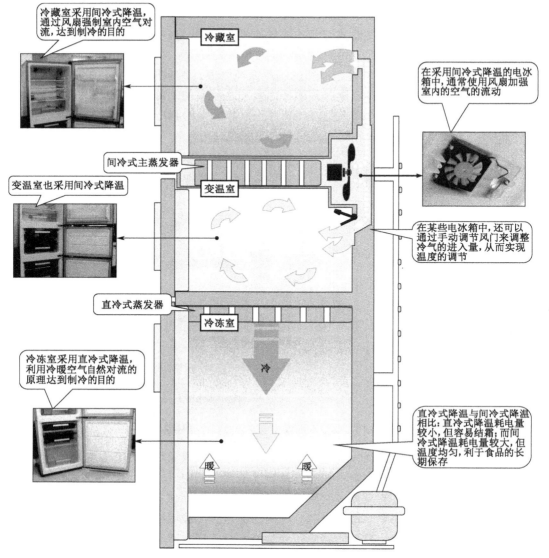

图 1-13　电冰箱箱室内的冷气循环原理

从图中可以看出，间冷式降温会将蒸发器集中放置在一个专门的制冷区域内，然后依靠风扇强制吹风的方式使冷气在电冰箱内循环，从而达到制冷的效果。

而直冷式降温是利用低温气体下降，高温气体上浮这一自然气流规律实现冷气循环。在冷藏室内设有一个蒸发器，通过蒸发器直接吸收食物和箱内空气的热量，达到制冷的目的。

2. 电冰箱的控制原理

无论哪种电冰箱，其制冷循环都是在电路系统的控制下进行的。电路系统控制压缩机启动后，会根据设定温度对相关部件的工作情况进行控制。

【图文讲解】

图 1-14 所示为电冰箱电路系统的控制过程。从图中可以看出，电路系统通过对压缩机和电磁阀的控制，来达到控制制冷的目的。

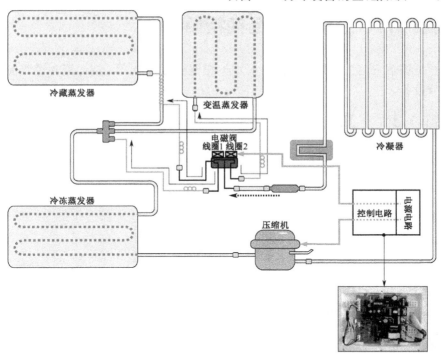

图 1-14 电冰箱电路系统的控制过程

交流 220V 电压送到继电器的触点端，控制电路通过继电器对压缩机的启/停和电磁阀的线圈的得电、失电进行控制。压缩机得电开始工作，吸气管吸入制冷剂，在压缩机内部进行压缩，再从排气管排出，为管路中的制冷剂提供动力。电磁阀根据线圈的得失电情况，对内部制冷剂的流向进行控制，从而对不同箱室的温度进行调节。

【资料链接】

在多门电冰箱中，电磁阀是控制各箱室温度的关键部件，如图 1-15 所示为三开门电冰箱中电磁阀的工作过程。当电磁阀线圈 1 得电、线圈 2 失电时，电磁阀出口管 B 接通，出口管 A、C 截止，此时，电冰箱冷藏室、冷冻室制冷；当电磁阀线圈 1 失电、线圈 2 也失电时，电磁阀出口管 C 接通，出口管 A、B 截止，此时，电冰箱冷冻室制冷；当电磁阀线圈 1 失电、线圈 2 得电时，电磁阀出口管 A 接通，出口管 B、C 截止，此时，电冰箱变温室、冷冻室制冷。

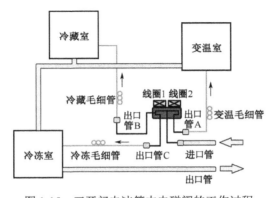

图 1-15 三开门电冰箱中电磁阀的工作过程

任务模块 1.3　空调器的结构特点

空调器是调节室内（或封闭空间、区域）空气温度、温度、洁净度和空气流速等参数的空气调节设备。

新知讲解 1.3.1　知晓空调器的整机结构

空调器的种类较多，设计各具特色，包括分体壁挂式空调器室内机组、嵌入式空调器室内机组、柜式空调器室内机组、一体化窗式空调器等。图 1-16 所示为不同设计风格的空调器。

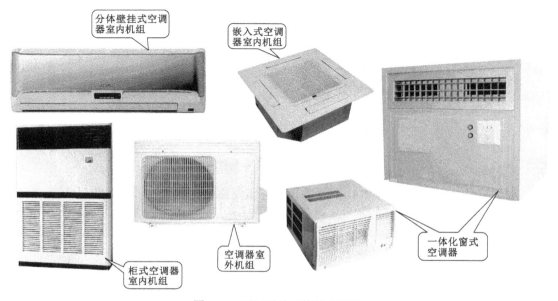

图 1-16　不同设计风格的空调器

通过对比，不难发现，不论空调器的外观设计如何独特，外形如何变化，我们都可以在空调器上找到出风口、进气栅、风量调节部分等。

【提示】

空调器除了根据外形的不同进行分类外，还可以以空调器的工作频率进行分类，随着人们对生活能源消耗意识的不断提高，目前市场上除了定频空调器外，较为流行的多为变频空调器。

变频空调器与定频空调器的基本结构和制冷原理完全相同，从外观上难以区分。变频空调器是在定频空调器的基础上选用了变频专用压缩机，增加了变频控制系统。

空调器主要分为室内机和室外机，其中室内机被外壳罩住，如图 1-17 所示，从室内机的正面，我们所看到的类似窗口的部分就是出风口，出风口的风向受导风板的控制。显示和遥控电路一般位于空调器的前面板，在出风口的正上方，以便于用户对空调器进行操作，并观察空调器的工作状态。

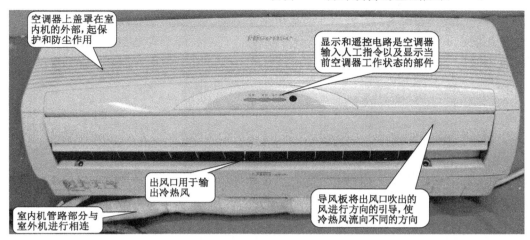

空调器上盖罩在室内机的外部,起保护和防尘作用

显示和遥控电路是空调器输入人工指令以及显示当前空调器工作状态的部件

出风口用于输出冷热风

室内机管路部分与室外机进行相连

导风板将出风口吹出的风进行方向的引导,使冷热风流向不同的方向

图 1-17　典型空调器室内机的结构分布

　　空调器室内机的管路主要是与室外机进行连接,工作时,室内机与室外机通过管路形成循环,实现制冷或制热的工作,对制冷剂进行回收,送到室外机的压缩机中,从而构成一个循环。

　　空调器的室外机通常安装在户外,通过室外机的外观,我们首先看到的是排风口,该处安装有排风网罩,内部安装有风扇,如图 1-18 所示,在室外机的侧面安装有接线盒,用于连接室内机电路部分,在接线盒的下方安装有两个连接端口,分别为气体截止阀和液体截止阀。

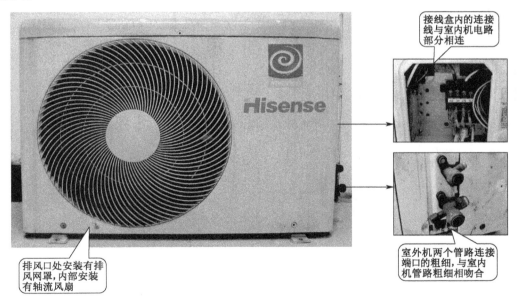

接线盒内的连接线与室内机电路部分相连

排风口处安装有排风网罩,内部安装有轴流风扇

室外机两个管路连接端口的粗细,与室内机管路粗细相吻合

图 1-18　典型空调器室外机的结构分布

【图文讲解】

　　如果我们将空调器进行分解,整个空调器的构造就一目了然。如图 1-19 所示为空调器室内机的分解示意图。

　　机壳是由上盖、前壳和后壳拼合在一起的,并通过螺钉和卡扣固定连接。空调器的中间安装有过滤网、导风板、蒸发器、贯流风扇等组件。

电路板位于室内机的电控盒内，除电路板外，还包括显示和遥控接收电路板，主要用于接收由遥控器送来的控制信号。

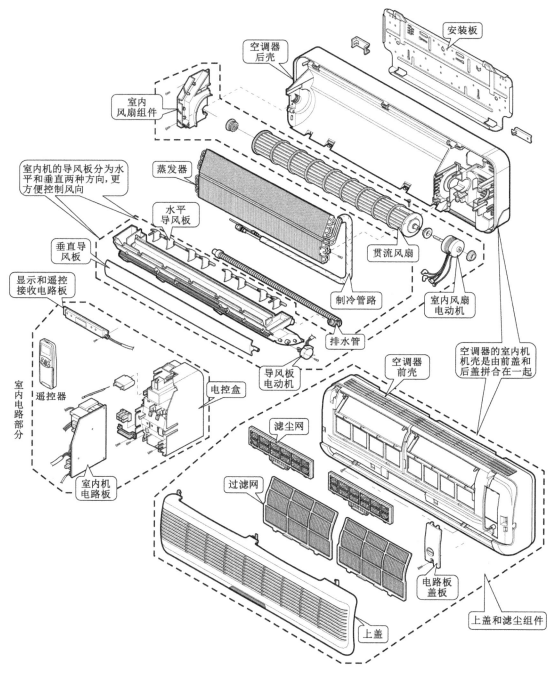

图 1-19　空调器室内机的分解示意图

【图文讲解】

空调器的室外机是由上盖、前盖、后盖以及底座等拼合在一起的，并由螺钉固定连接，如图 1-20 所示，压缩机位于室外机的右下方，是空调器核心的制冷部件。

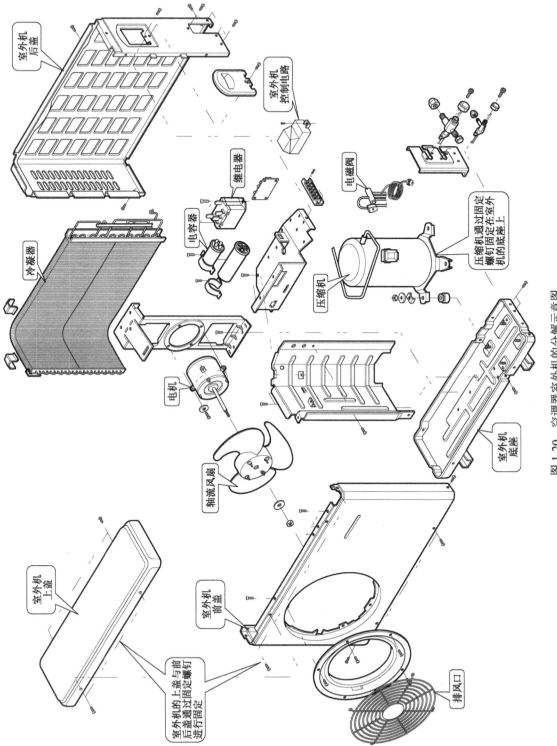

室外机后盖

室外机控制电路

继电器

电容器

冷凝器

电磁阀

压缩机通过固定螺钉固定在室外机的底座上

压缩机

电机

轴流风扇

室外机底座

图 1-20　空调器室外机的分解示意图

室外机上盖

室外机前盖

室外机的上盖与前后盖通过固定螺钉进行固定

排风口

【资料链接】

通常，人们会以空调器的匹数（P）来表示空调器的能力标准，即耗电量。这种说法主要是因为早期生产的空调器种类较少，技术也大同小异，因此使用耗电量表示空调器的制冷能力，例如，1 匹（P）的空调器耗电量约为 735 W。

现在，依照国家标准，空调器是以使用每小时的制冷量作为能力标准，具体对应关系见表 1-1 所列，例如，1 匹的空调器制冷量约为 2400 W，1.5 匹的空调器制冷量约为 3500 W。

表 1-1　空调器制冷量与匹（P）的对应关系

制冷量	匹数	制冷量	匹数
2300 W 以下	小于 1 匹	4800 W 或 5000 W	正 2 匹
2400 W 或 2500 W	正 1 匹	5100 W 或 5200 W	大于 2 匹
2600 W 至 2800 W	大于 1 匹	6000 W 或 6100 W	正 2.5 匹
3200 W	小于 1.5 匹	7000 W 或 7100 W	正 3 匹
3500 W 或 3600 W	正 1.5 匹	12000 W	正 5 匹
4500 W 或 4600 W	小于 2 匹		

注：1 匹～1.5 匹的空调器多为壁挂式，2 匹～5 匹的空调器多为柜式。

新知讲解 1.3.2　了解空调器的内部构成

对空调器的整机构造有所了解之后，我们继续深入空调器的内部，探究空调器的结构组成。

1．了解空调器室内机的内部结构

图 1-21 所示为典型空调器室内机的内部结构。可以看到，除了机壳和导风板外，空调器的内部主要是由风扇组件、蒸发器和电路部分构成的，它们之间通过线缆互相连接。

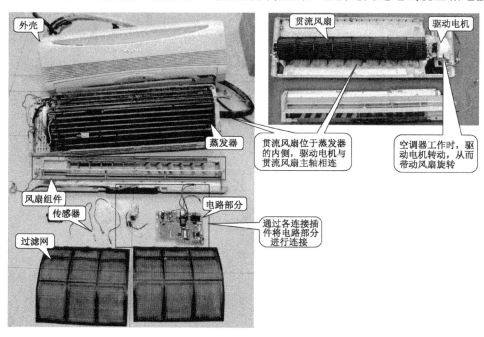

图 1-21　典型空调器室内机的内部结构

2. 了解空调器室外机的内部结构

如图 1-22 所示为典型空调器室外机的内部结构。可以看到，除了机壳和各接口外，空调器室外机的内部主要是由压缩机、风扇组件、各种闸阀、冷凝器和电路部分构成的，它们之间通过线缆以及管路互相连接。

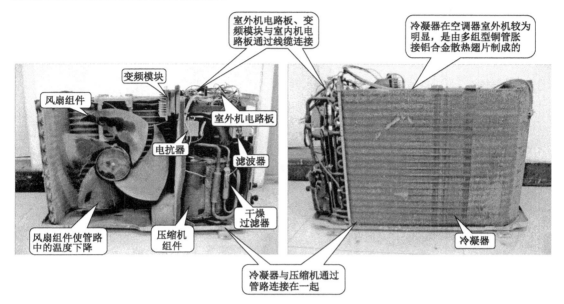

图 1-22　典型空调器室外机的内部结构

任务模块 1.4　空调器的工作原理

空调器是一种对室内温度、湿度等进行调节的设备，其最重要的作用就是对室内的温度进行降温或升温调节。

新知讲解 1.4.1　理顺空调器的工作过程

空调器是由各个单元电路协同工作的，以完成信号的接收、处理和输出，并控制相关的部件工作，从而达到制冷、制热的功能，这是一个非常复杂的工作过程。

【图文讲解】

图 1-23 所示为典型空调器的整机控制过程。空调器管路系统中的压缩机、风扇电动机和四通阀都受电路系统的控制，使室内温度保持恒定不变。

在室内机中，由遥控接收电路接收遥控信号，控制电路根据遥控信号对室内风扇电动机、导风板电动机进行控制，并通过通信电路将控制信号传输到室外机中，控制室外机工作。

同时室内机控制电路接收室内环境温度传感器和室内管路温度传感器送来的温度检测信号，并随时向室外机发出相应的控制指令，室外机根据室内机的指令对变频压缩机进行变频控制。

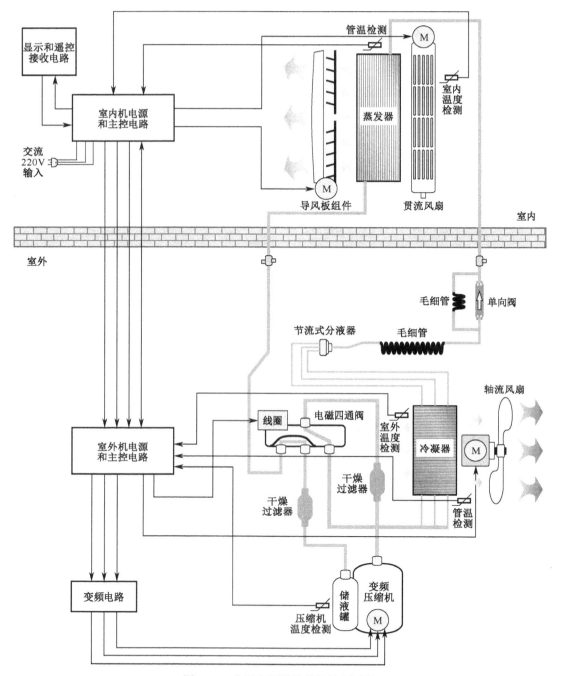

图 1-23　典型空调器的整机控制过程

在室外机中，控制电路根据室内机通信电路送来的控制信号还对室外风扇电动机、电磁四通阀等进行控制，并控制变频电路输出驱动信号驱动变频压缩机工作。

同时室外机控制电路接收室外温度传感器送来的温度检测信号，并将相应的检测信号、故障诊断信息以及变频空调器的工作状态信息等通过通信电路传送到室内机中。

空调器在工作时，由电源电路为各单元电路及功能部件提供工作所需的各种电压。

【图文讲解】

图 1-24 所示为典型空调器整机电路控制关系。空调器的制冷、制热循环都是在控制电路的监控下完成的,其中室内机、室外机中的控制电路分别对不同的部件进行控制,两个控制电路之间通过通信电路传递数据信号,保证变频空调器能够正常稳定的工作。

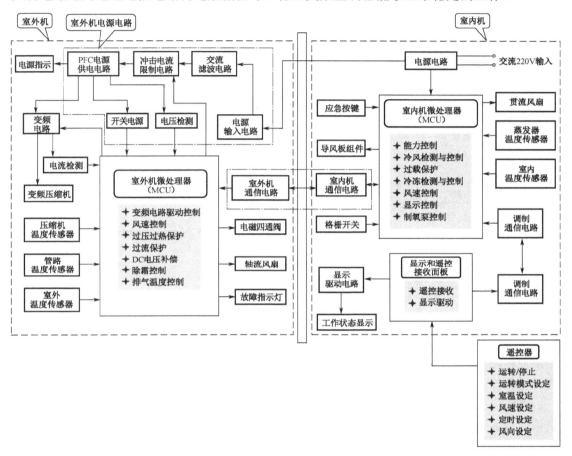

图 1-24 典型空调器整机电路控制关系

交流 220 V 电压送入室内机电源电路后,其中一路经该电源电路处理后,为室内机的电路元件和各部件供电,另一路直接为室外机供电。遥控接收电路接收由遥控发射电路送出的红外光信号,并对信号进行识别处理后,将指令信号传送到控制电路中,控制电路则根据程序对室内机风扇、导风板组件和显示电路等进行控制。

空调器室外机部分包括室外机电源电路、室外机控制电路和变频电路,室内机送来的电源电压经室外机电源电路处理后,分别为室外机的电路元件和各部件供电。室外机控制电路通过通信电路接收到控制信号后,便根据程序对室外机风扇、电磁四通阀、变频电路等进行控制。

1. 空调器室内机的工作过程

空调器室内机以控制电路为核心,根据遥控发射电路传送来的控制信号,对整机工作状态进行控制。

【图文讲解】

图 1-25 所示为典型空调器室内机的工作过程。

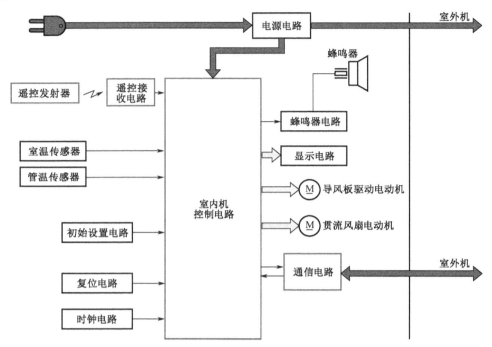

图 1-25　典型空调器室内机的工作过程

用户通过遥控发射器将空调器的启动和功能控制信号发射给室内机的遥控接收电路，由遥控接收电路对信号进行处理后再传送到微处理器中，微处理器根据内部程序分别对室内机的各部件进行控制，同时，室内机控制电路通过通信电路对室外机发出控制指令。

室内机的微处理器接收室内温度传感器和管路温度传感器送来的温度检测信号，并根据该信号输出相应的控制信号分别驱动贯流风扇电动机和导风板驱动电动机工作。电源电路为室内机的电路元件和各部件提供工作电压。时钟电路和复位电路为微处理器提供基本的工作条件。

2. 变频空调器室外机的工作过程

室外机也是以控制电路为核心，该电路根据室内机传送的控制信号，对室外机各部件的工作状态进行控制。

【图文讲解】

图 1-26 所示为典型变频空调器室外机的工作过程。

室外机根据控制指令，对室外机中的变频电路、轴流风扇以及电磁四通阀的工作状态进行调整。同时，室外机还通过温度传感器对室外温度、管路温度、压缩机温度进行检测。

室外机的电源电路同时为变频电路以及其他电路元件和各部件提供工作电压。时钟电路和复位电路为室外机的微处理器提供基本的工作条件。

空调器切换制冷/制热模式时，室外机的整体工作过程不变，只是通过驱动电磁四通阀，改变其滑块位置，来实现制冷/制热模式的转换。

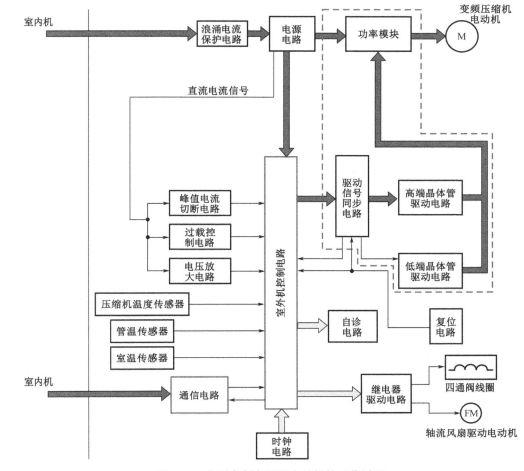

图 1-26 典型变频空调器室外机的工作过程

新知讲解 1.4.2 搞清空调器的工作原理

空调器整机的工作原理，实际上就是制冷剂循环的原理。制冷剂循环的原理是空调器实现制冷和制热的主要目的。

冷暖型空调器在夏天可以实现制冷功能，也可以在冬季实现制热功能。空调器制冷/制热两种模式的切换，主要是依靠电磁四通阀实现的。下面我们将分别对空调器的制冷和制热原理进行介绍。

1. 空调器的制冷原理

当变频空调器进行制冷工作时，电磁四通阀处于断电状态，内部滑块使管口 A、B 导通，管口 C、D 导通。同时，在变频空调器电路系统的控制下，室内机与室外机中的风扇电动机、变频压缩机等电气部件也开始工作。

【图文讲解】

图 1-27 所示为空调器的制冷循环工作原理。

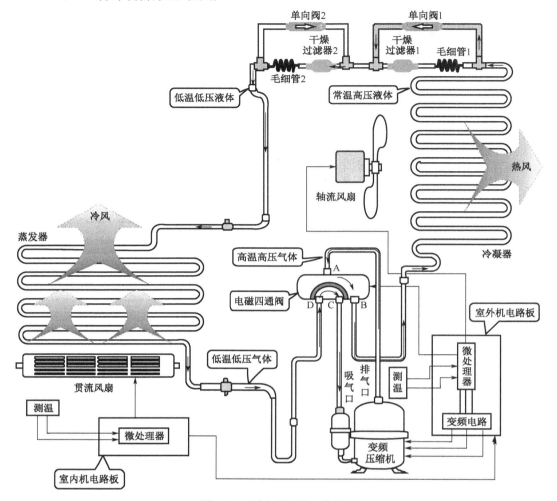

图 1-27　制冷循环的工作原理

制冷剂在压缩机中被压缩，原本低温低压的制冷剂气体被压缩成高温高压的过热蒸气，然后经压缩机排气口排出，由电磁四通阀的 A 口进入，经电磁四通阀的 B 口进入冷凝器中。高温高压的过热蒸气在冷凝器中散热冷却，轴流风扇带动空气流动，加速冷凝器的散热效果。

经冷凝器冷却后的常温高压制冷剂液体经单向阀 1、干燥过滤器 2 进入毛细管 2 中，制冷剂在毛细管中节流降压后，变为低温低压的制冷剂液体，经二通截止阀送入到室内机中。制冷剂在室内机蒸发器中吸热汽化，蒸发器周围空气的温度下降，贯流风扇将冷风吹入到室内，加速室内空气循环，提高制冷效率。

汽化后的制冷剂气体再经三通截止阀送回室外机，经电磁四通阀的 D 口、C 口和压缩机吸气口回到变频压缩机中，进行下一次制冷循环。

2．空调器的制热原理

变频空调器的制热原理正好与制冷原理相反，在制冷循环中，室内机的蒸发器起吸热作用，室外机的冷凝器起散热作用，因此，变频空调器制冷时，室外机吹出的是热风，室内机吹出的是冷风；而在制热循环中，室内机的蒸发器起到的是散热作用，而室外机的冷凝器起到的是吸热作用，因此，变频空调器制热时室内机吹出的是热风，而室外机吹出的是冷风。

【图文讲解】

图 1-28 所示空调器的制热原理。

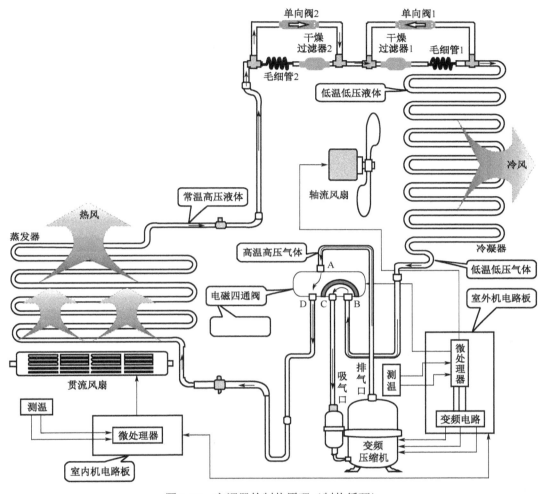

图 1-28　空调器的制热原理（制热循环）

当空调器进行制热工作时，电磁四通阀通电，滑块移动使管口 A、D 导通，管口 C、B 导通。

制冷剂在变频压缩机中被压缩成高温高压的过热蒸气，由压缩机的排气口排出，再由电磁四通阀的 A 口、D 口送入到室内机的蒸发器中。高温高压的过热蒸气在蒸发器中散热，蒸发器周围空气的温度升高，贯流风扇将热风吹入室内，加速室内空气循环，提高制热效率。

制冷剂散热后变为常温高压的液体，再由液体管从室内机送回到室外机中。制冷剂经单向阀 2、干燥过滤器 1 进入毛细管 1 中，制冷剂在毛细管中节流降压为低温低压的制冷剂液体后，进入冷凝器中。制冷剂在冷凝器中吸热气化，重新变为饱和蒸气，并由轴流风扇将冷气吹出室外。最后，制冷剂气体再由电磁四通阀的 B 口进入，由 C 口返回压缩机中，如此往复循环，实现制热功能。

【提示】

空调器的制热循环过程与空调器制冷循环的过程正好相反，此时，室内机的热交换设备（蒸发器）起冷凝器的作用，而室外机的热交换设备（冷凝器）则起到了蒸发器的作用。因此，空调器制热时室内机吹出的是热风，而室外机吹出的是冷风。

任务模块 2.1　电冰箱的故障特点和检修分析

　　对于维修电冰箱，由于其功能结构和工作原理上的特点，加之工作环境因素的影响，使得电冰箱的故障会明显区别于其他家用电子产品。因此，能够掌握电冰箱的故障特点，辨别不同故障的表现，并能够根据故障对产生故障的原因进行分析，制订合理、正确的检修分析是非常有效的一项技能，这项技能将最终指导我们完成检修。

新知讲解 2.1.1　了解电冰箱的故障特点

　　电冰箱作为一种典型的制冷设备，其故障表现主要反映在"制冷效果不良"、"结霜/结冰严重"、"声音异常"和"部分功能异常"四个方面。

1. 了解电冰箱"制冷效果不良"的故障特点

　　"制冷效果不良"的故障主要是指电冰箱在规定的工作条件下，箱内温度不下降，制冷效果不良。这类故障可以细致划分为 4 种："完全不制冷"、"制冷效果差"、"冬季制冷量小"和"制冷过量"。

　　（1）电冰箱"完全不制冷"的故障特点

　　【图文讲解】

　　图 2-1 所示为电冰箱"完全不制冷"的典型故障表现。

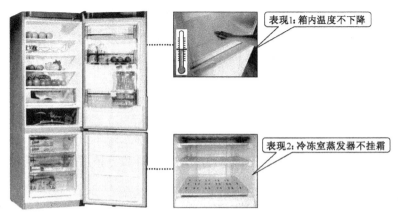

图 2-1　电冰箱"完全不制冷"的典型故障表现

这种故障，主要表现为电冰箱开机一段时间后，电冰箱没有制冷迹象，蒸发器不挂霜，箱内温度也不下降。

【提示】

正常制冷情况下，电冰箱运行一段时间后，冷冻室内应有结霜。表现为打开冷冻室箱门，用手抹擦冷冻室内蒸发器的结霜，结霜不会被轻易地擦掉；另外，在正常情况下用沾上水的手抹擦冷冻室蒸发器，手应该有被粘连的感觉。

【资料链接】

电冰箱不制冷是最为常见的故障之一，电冰箱出现不制冷的故障原因有很多，也较复杂。多为压缩机不运转，制冷管路堵塞，制冷剂全部泄露，电磁阀损坏，继电器损坏，控制电路板、信号传输电路板、变频电路板出现故障等引起的。

（2）电冰箱"制冷效果差"的故障特点

【图文讲解】

图 2-2 所示为电冰箱"制冷效果差"的典型故障表现。

图 2-2 "制冷效果差"的故障表现典型

这种故障，主要表现为电冰箱能正常运转制冷，但在规定的工作条件下，其箱内温度降不到原定温度，冷冻室蒸发器结霜不满，有时会伴随着出现压缩机回气管滴水、结霜或冷凝器入、出口温度变化异常等现象。

【提示】

压缩机回气管出现结霜或滴水的情况，说明电冰箱制冷管路中充注的制冷剂过量；冷凝器入口处和出口处的温度没有明显的变化或冷凝器根本就不散发热量，说明电冰箱制冷管路中的制冷剂有泄漏或压缩机不工作；冷凝器发热，数分钟后又冷却下来，说明干燥过滤器、毛细管有堵塞故障。

【资料链接】

电冰箱制冷效果差也是电冰箱最为常见的故障之一，电冰箱出现制冷效果差的故障原因有很多，也较复杂，多为门封不严、门开关失灵、温度控制器失灵、风扇不运转、化霜组件损坏、制冷管路泄露或堵塞、制冷剂充注过多或过少、冷冻油进入制冷管路、压缩机效率降低等引起的。

（3）电冰箱"冬季制冷量小"的故障特点

【图文讲解】

图 2-3 所示为电冰箱"冬季制冷量小"的典型故障表现。

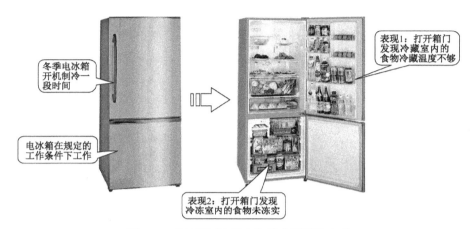

图 2-3 "冬季制冷量小"的典型故障表现

这种故障，主要表现为冬季使用电冰箱时，在规定的工作条件下，其箱内温度降不到原设定温度，但其他季节使用时制冷正常。

【提示】

这类故障，往往不是电冰箱本身故障引起的。由于冬季温度较低，压缩机的启动时间较长，导致电冰箱制冷量不够。因此，检查该类故障时首先要检查电冰箱温度补偿开关是否调节到冬季模式，其次是检查温度控制器调节的温度是否正常。

（4）电冰箱"制冷过量"的故障特点

【图文讲解】

图 2-4 所示为电冰箱"制冷过量"的典型故障表现。

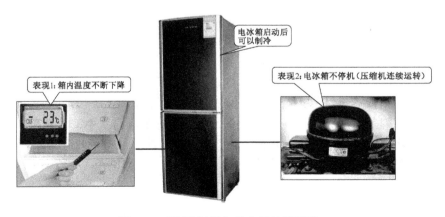

图 2-4 "制冷过量"的典型故障表现

这种故障，主要表现为电冰箱通电启动后，可以制冷，但当到达用户设定的温度时，电冰箱不停机，箱内温度越来越低，超出用户设定温度值。

【提示】

电冰箱出现制冷过量的故障原因多为温度调整不当、温度控制器失灵、箱体绝热层或门封损坏、风门失灵、风扇失灵等引起的。

2．了解电冰箱"结霜/结冰严重"的故障特点

电冰箱"结霜/结冰严重"的故障主要是指电冰箱制冷正常，但冷冻室、冷藏室结霜或结冰，这类故障可以细致划分为2种："结霜严重"、"结冰严重"。

（1）电冰箱"结霜严重"的故障特点

【图文讲解】

图2-5所示为电冰箱"结霜严重"的典型故障表现。

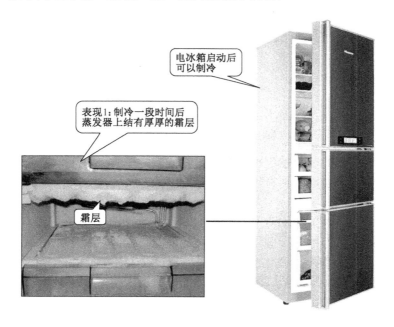

图2-5　"结霜严重"的典型故障表现

这种故障，主要表现为电冰箱启动工作一段时间后，制冷正常，但在蒸发器上结有厚厚的霜层。

【提示】

电冰箱的工作实际就是制冷—结霜—化霜—制冷过程的循环往复，由于电冰箱制冷正常，则说明电冰箱管路系统和压缩机启动控制系统正常。但工作一段时间后，蒸发器上结有厚厚的霜层，则故障原因多为开门频繁、食物放的过多，门封不严，温度控制器、传感器、电磁阀、化霜控制器、化霜加热器、化霜传感器、主控板损坏所引起的。

（2）电冰箱"结冰严重"的故障特点

【图文讲解】

图2-6所示为电冰箱"结冰严重"的典型故障表现。

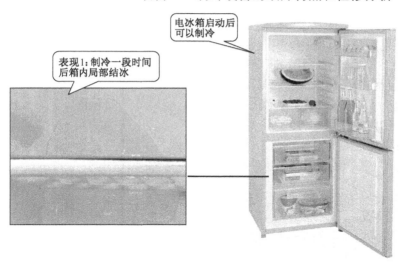

图 2-6　"结冰严重"的典型故障表现

这种故障，主要表现为电冰箱启动后，制冷正常，但冷冻室或冷藏室温度较低，出现结冰现象。

【提示】

电冰箱制冷正常，说明电冰箱管路系统和压缩机启动控制系统正常，但工作一段时间后，冷冻室或冷藏室结冰，则故障原因多为门封不严、温度控制器损坏、风扇不运转等引起的。

3．了解电冰箱"声音异常"的故障特点

（1）电冰箱"嗡嗡、咔咔循环声音"的故障特点

【图文讲解】

图 2-7 所示为电冰箱"嗡嗡、咔咔循环声音"的典型故障表现。

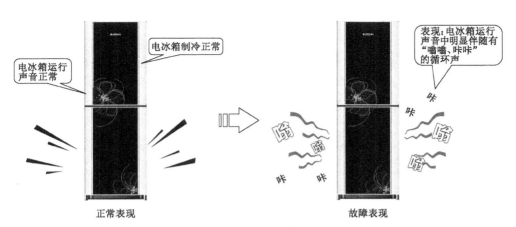

图 2-7　"嗡嗡、咔咔循环声音"的典型故障表现

这种故障，主要表现为电冰箱通电后，发出"嗡嗡"声，一会又发出"咔咔"声，且不断重复"嗡嗡、咔咔"循环的声音。

【提示】

引起电冰箱出现"嗡嗡、咔咔"循环声音的故障，主要是由压缩机、启动继电器出现故障所导致的。当启动继电器的触点接触不良，不断的接通/断开时，将导致压缩机处于开机/停机的过程，致使压缩机发出上述声音。而压缩机内部若出现故障时，在压缩机工作的过程中，通常也会导致其工作时，发出"嗡嗡"、"咔咔"的声音。

（2）电冰箱"振动及噪声过大"的故障特点

【图文讲解】

图 2-8 所示为电冰箱"振动及噪声过大"的典型故障表现。

表现：电冰箱运行中振动及噪声过大

图 2-8　"振动及噪声过大"的典型故障表现

这种故障，主要表现为电冰箱启动时产生的振动及噪声过大。

【资料链接】

引起电冰箱"振动及噪声过大"的原因多为电冰箱的放置位置不平、管道共振和零件松动、压缩机自身等原因引起的。具体的故障因素如下：

1）冷凝器固定不牢固，当制冷剂流通时，冷凝器与箱体之间相互碰撞，会引起电冰箱噪声大的故障。

2）电冰箱放置位置不平，启动后晃动，引起电冰箱压缩机运转时与电冰箱箱体产生共振。

3）压缩机机壳内的三只吊簧失去平衡，碰撞壳体，会发出撞击声。或压缩机零件磨损也会引起噪声。

4）外露管路连接不稳固，电冰箱工作时，制冷管路之间接触，毛细管与回气管等接触，导致制冷剂流通时形成共振或碰撞，导致电冰箱工作噪声大的故障。

4．了解电冰箱"部分功能异常"的故障特点

（1）电冰箱"照明灯不亮"的故障特点

【图文讲解】

图 2-9 所示为电冰箱"照明灯不亮"的典型故障表现。

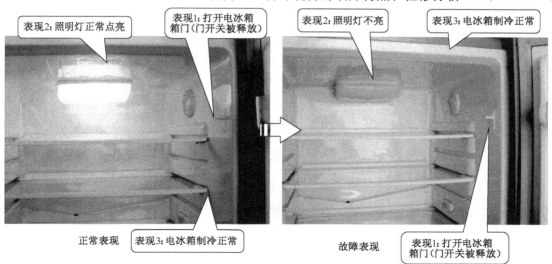

表现2：照明灯正常点亮　　表现1：打开电冰箱箱门（门开关被释放）　　表现2：照明灯不亮　　表现3：电冰箱制冷正常

正常表现　　表现3：电冰箱制冷正常　　故障表现　　表现1：打开电冰箱箱门（门开关被释放）

图 2-9　"照明灯不亮"的典型故障表现

这种故障，主要表现为电冰箱启动后，制冷正常，但打开电冰箱箱门后，照明灯不亮，模拟电冰箱箱门打开与关闭的状态，照明灯均不点亮。

【提示】

电冰箱启动后，制冷正常，说明电冰箱管路系统以及控制系统正常，而照明灯主要是由门开关进行控制的，因此该故障多为照明灯本身损坏或门开关损坏所引起的。

（2）电冰箱"风扇不运转"的故障特点

【图文讲解】

图 2-10 所示为电冰箱"风扇不运转"的典型典型故障表现。

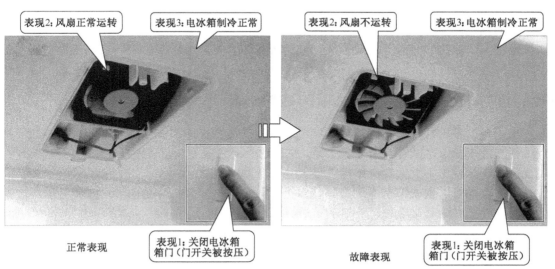

表现2：风扇正常运转　　表现3：电冰箱制冷正常　　表现2：风扇不运转　　表现3：电冰箱制冷正常

正常表现　　表现1：关闭电冰箱箱门（门开关被按压）　　故障表现　　表现1：关闭电冰箱箱门（门开关被按压）

图 2-10　电冰箱"风扇不运转"的典型故障表现

这种故障，主要表现为电冰箱启动后，制冷正常，但打开或关上电冰箱箱门后，风扇均不运转。

【提示】

电冰箱启动后，制冷正常，说明电冰箱管路系统以及控制系统正常，而风扇主要是由门开关进行控制的，因此该故障多为风扇电动机损坏或门开关损坏所引起的。

（3）电冰箱"显示及控制异常"的故障特点

【图文讲解】

图 2-11 所示为电冰箱"显示及控制异常"的典型故障表现。

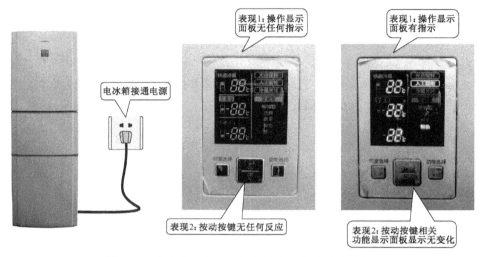

图 2-11 电冰箱"显示及控制异常"的典型故障表现

这种故障，主要表现为电冰箱启动后，通过操作显示面板的按键输入人工指令，显示屏显示失常或无显示。

【提示】

无法向电冰箱输入人工指令或电冰箱显示异常的故障通常都是由操作显示面板上的操作按键失灵、连接线接触不良或损坏、显示屏损坏、集成电路芯片损坏或主控板上的相关控制部件损坏等引起的。

技能训练 2.1.2　做好电冰箱的检修分析

电冰箱的各种故障特点均体现着电冰箱某些功能部件的工作出现异常，且每种故障特点往往与故障部位之间存在着对应关系，掌握这种对应关系，准确做好电冰箱的检修分析，对我们在实际检修中大大提高维修效率十分有帮助。

下面我们针对上一节例举的故障特点进行简单的检修分析，初学者应在实际应用中灵活运用，并能在此基础上进行一定的扩展、积累和提升。

1. 做好电冰箱"制冷效果不良"的故障检修分析

（1）电冰箱"完全不制冷"的故障检修分析

电冰箱出现"完全不制冷"的故障时，首先要排除外部电源供电的因素，然后重点对电源线、温度控制器、化霜组件、制冷管路、压缩机等进行检查。

【图文讲解】

图 2-12 所示为电冰箱"完全不制冷"故障的基本检修分析。

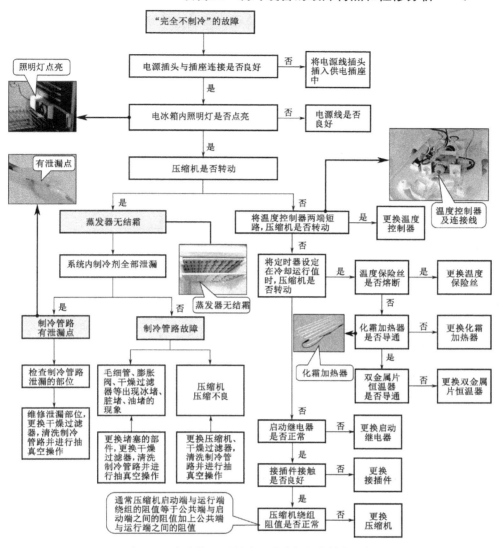

图 2-12　电冰箱"不制冷"故障的基本检修分析

【提示】

制冷剂全部泄漏的主要表现是压缩机启动很轻松，压缩机部件没损坏时，运转电流减小，吸气压力较高，排气压力较低，排气管较凉，蒸发器里听不到液体的流动声，停机后打开工艺管时无气流喷出。

【资料链接】

毛细管的进口处最容易被系统中较粗的粉状污物或冷冻机油堵塞，污物较多时会将整个过滤网堵死，使制冷剂无法通过，从而引起不制冷的故障。

制冷系统中的主要零部件干燥处理不当，整个系统抽真空效果不理想，或制冷剂中所含水分超量，在电冰箱工作一段时间后，膨胀阀就会出现冰堵现象，从而引起不制冷的故障。冰堵的现象是间断出现的，时好时坏。为了及早判断是否出现冰堵，可用热水对堵塞处加热，使堵塞处的冰体融化，片刻后，如听到突然涌动的气流声，吸气压力也随之上升，可证实是冰堵。

（2）电冰箱"制冷效果差"的故障检修分析

电冰箱出现"制冷效果差"的故障时，首先要排查外部环境因素，然后重点对门封、温度控制器、风扇、门开关、化霜组件、制冷管路和压缩机等进行检查。

【图文讲解】

图 2-13 所示为电冰箱"制冷效果差"故障的基本检修分析。

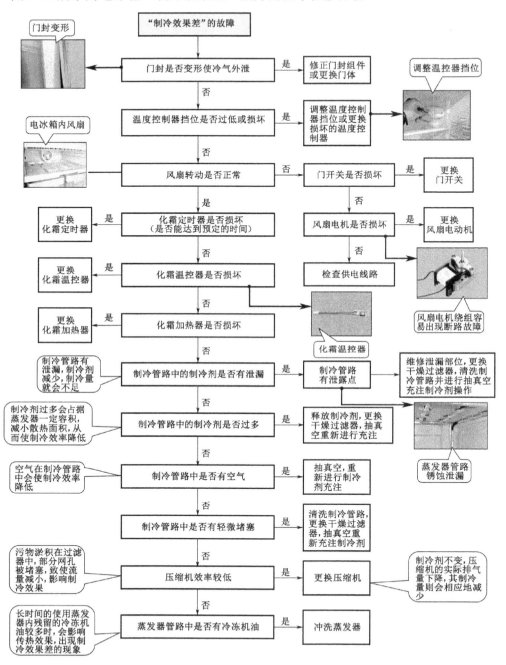

图 2-13 电冰箱"制冷效果差"故障基本的检修分析

【提示】

制冷管路中制冷剂存在泄漏的主要表现为吸、排气压力低而排气温度高，排气管路烫手，在毛细管出口处能听到比平时要大的断续的"吱吱"气流声，蒸发器不挂霜或挂较少量的浮霜，停机后系统内的平衡压力一般低于相同环境温度所对应的饱和压力。

制冷管路中制冷剂充注过多的主要表现为压缩机的吸、排气压力普遍高于正常压力值，冷凝器温度较高，压缩机电流增大，蒸发器结霜不实，箱温降得慢，压缩机回气管挂霜。

制冷管路中有空气的主要表现为吸、排气压力升高（不高于额定值），压缩机出口至冷凝器进口处的温度明显升高，气体喷发声断续且明显增大。

制冷管路中有轻微堵塞的主要表现为排气压力偏低，排气温度下降，被堵塞部位的温度比正常温度低。

蒸发器管路中有冷冻机油的主要表现为蒸发器上的霜既结得不全，也结得不实，而此时未发现有其他故障，则可判断是带油所致的制冷效果劣化。

（3）电冰箱"冬季制冷量小"的故障检修分析

电冰箱出现"冬季制冷量小"的故障时，首先应检查温度补偿开关是否处于冬季模式，然后检查温度控制器调节的温度是否正常。

【图文讲解】

图2-14所示为电冰箱"冬季制冷量小"故障的基本检修分析。

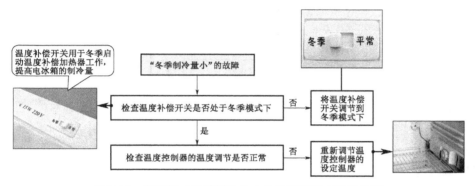

图2-14　电冰箱"冬季制冷量小"故障的基本检修分析

（4）电冰箱"制冷过量"的故障检修分析

电冰箱出现"制冷过量"的故障时，首先应排除温控器温度调节不当的因素，然后重点检查箱体绝热层或门封、风门、风扇、温度控制器。

【图文讲解】

图2-15所示为电冰箱"制冷过量"故障的基本检修分析。

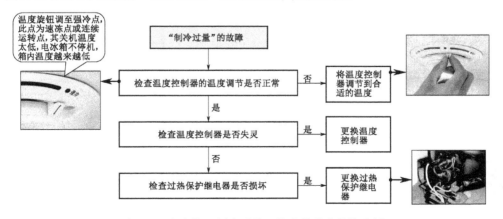

图2-15　电冰箱"制冷过量"故障的基本检修分析

2. 做好电冰箱"结霜/结冰严重"的故障检修分析

（1）电冰箱"结霜严重"的故障检修分析

电冰箱出现"结霜严重"的故障时，应首先排除开门频繁、食物放的过多等因素，然后重点对其门封、温度控制器、传感器、电磁阀、化霜控制器、化霜加热器、化霜传感器、主控板等进行检测，排除故障。

【图文讲解】

图 2-16 所示为电冰箱"结霜严重"故障的基本检修分析。

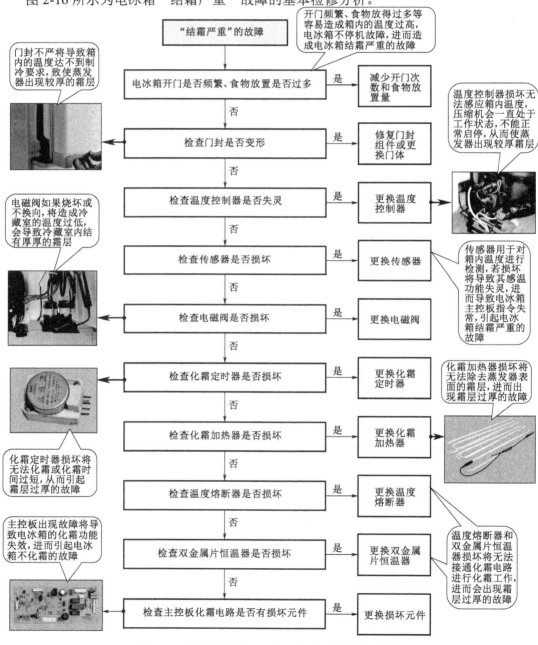

图 2-16　电冰箱"结霜严重"故障的基本检修分析

（2）电冰箱"结冰严重"的故障检修分析

电冰箱出现"结冰严重"的故障时，多为压缩机运转不停机所引起的，检修时应重点对门封、温度控制器、风扇等进行检测，判断故障。

【图文讲解】

图 2-17 所示为电冰箱"结冰严重"故障的基本检修分析。

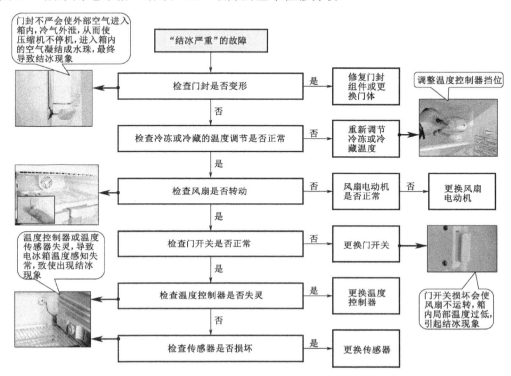

图 2-17 电冰箱"结冰严重"故障的基本检修分析

3. 做好电冰箱"声音异常"的故障检修分析

（1）电冰箱"嗡嗡、咔咔循环声音"的故障检修分析

电冰箱出现"嗡嗡、咔咔循环声音"的故障时，应首先对压缩机的启动继电器进行检测，排除启动继电器故障后，再将故障点锁定在压缩机上。

【图文讲解】

图 2-18 所示为电冰箱"嗡嗡、咔咔循环声音"故障的基本检修分析。

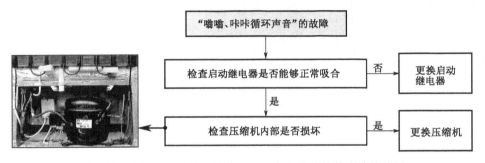

图 2-18 电冰箱"嗡嗡、咔咔循环声音"故障的基本检修分析

（2）电冰箱"振动及噪声过大"的故障检修分析

电冰箱出现"振动及噪声过大"的故障时，应先查看电冰箱的放置是否正常，然后检查电冰箱有无管道共振、零部件松动的故障，最后对其压缩机进行检修。

【图文讲解】

图 2-19 所示为电冰箱"振动及噪声过大"故障的基本检修分析。

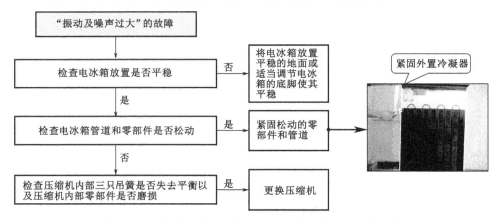

图 2-19　电冰箱"振动及噪声过大"故障的基本检修分析

【提示】

在运转过程中，当用手按住某一部位时，若震动明显减小或消除，则说明找到了声源。如图 2-20 所示为电冰箱"振动及噪声过大"故障的检修方法。

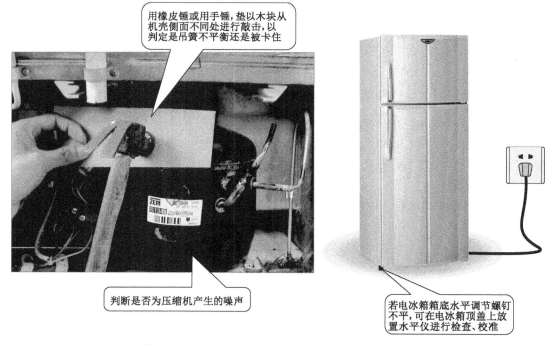

图 2-20　电冰箱"振动及噪声过大"故障的检修方法

检修时若发现电冰箱箱底水平调节螺钉不平，可在电冰箱顶盖上放置水平仪进行检查、校准。

判断是否为压缩机产生的噪声时，可用橡皮锤或用手锤，垫以木块从机壳侧面不同处进行敲击，以判定是吊簧不平衡还是被卡住。

4. 做好电冰箱"部分功能失常"的故障检修分析

（1）电冰箱"照明灯不亮"的故障检修分析

电冰箱出现"照明灯不亮"的故障时，照明灯本身和门开关出现故障是最为常见的两个原因，需认真检查。

【图文讲解】

图 2-21 所示为电冰箱"照明灯不亮"故障的基本检修分析。

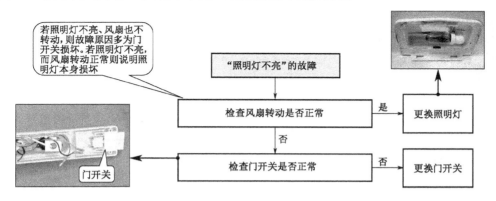

图 2-21 电冰箱"照明灯不亮"故障的基本检修分析

（2）电冰箱"风扇不运转"的故障检修分析

电冰箱出现"风扇不运转"的故障时，风扇电动机本身和门开关出现故障是最为常见的两个原因，需认真检查。

【图文讲解】

图 2-22 所示为"风扇不运转"故障的基本检修分析。

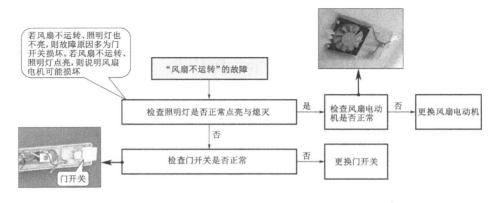

图 2-22 "风扇不运转"故障的基本检修分析

（3）电冰箱"显示及控制异常"的故障检修分析

电冰箱出现"显示及控制异常"的故障时，应先排除连接线松动的因素，然后重点检查操作显示面板上的操作按键、显示屏、集成电路芯片等是否损坏，供电是否正常，若均正常，再将故障点锁定在主控电路板上。

【图文讲解】

图 2-23 所示为电冰箱"显示及控制异常"故障的基本检修分析。

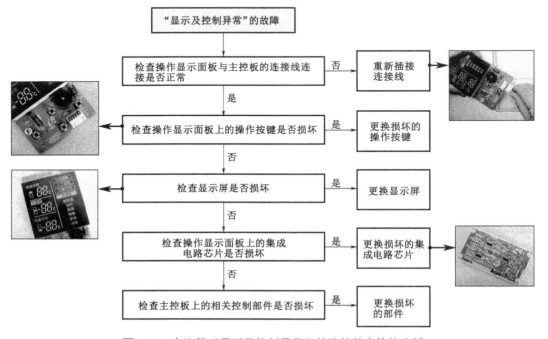

图 2-23　电冰箱"显示及控制异常"故障的基本检修分析

任务模块 2.2　空调器的故障特点和检修分析

引起空调器发生故障的原因较多，在对空调器进行检修时，应先了解空调器的故障特点，根据故障特点做好检修分析，便于快速准确地找到空调器的故障点。

新知讲解 2.2.1　了解空调器的故障特点

检测空调器，首先要对空调器的故障特点有所了解。空调器的故障表现主要反映在"制冷效果不良"、"制热效果不良"和"部分功能异常"三个方面。

1. 了解空调器"制冷效果不良"的故障特点

"制冷效果不良"的故障主要是指空调器在规定的工作条件下，室内温度不下降或降低不到设定的温度值。这类故障可以细致划分为 2 种："完全不制冷"和"制冷效果差"。

（1）空调器"完全不制冷"的故障特点

【图文讲解】

图 2-24 所示为空调器"完全不制冷"的典型故障表现。

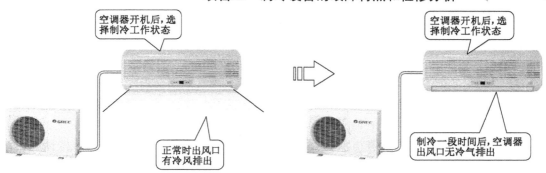

图 2-24　"完全不制冷"的典型故障表现

这种故障，主要表现为空调器开机后，选择制冷工作状态，制冷一段时间后，空调器出风口无冷气排出。

【资料链接】

空调器不制冷是最为常见的故障之一，空调器出现不制冷的故障原因有很多，也较复杂，多为制冷剂全部泄露、制冷系统堵塞、压缩机不运转、温度传感器失灵、压缩机控制或供电电路有故障元件等。

【提示】

空调器制冷系统出现泄漏点后，若没能及时维修，制冷剂会全部漏掉，从而引起空调器完全不制冷的故障。

制冷剂全部泄漏的主要表现是压缩机启动很轻松，蒸发器里听不到液体的流动声和气流声，停机后打开工艺管时无气流喷出。

（2）空调器"制冷效果差"的故障特点

【图文讲解】

图 2-25 所示为空调器"制冷效果差"的典型故障表现。

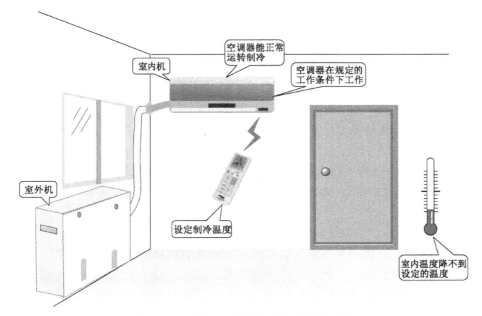

图 2-25　"制冷效果差"的典型故障表现

这种故障，主要表现为空调器能正常运转制冷，但在规定的工作条件下，室内温度降不到设定温度。

【资料链接】

空调器制冷效果差也是空调器最为常见的故障之一，空调器出现制冷效果差的故障原因有很多，也较复杂。例如：温度设定不正常、滤尘网堵塞、贯流风扇不运转、温度传感器失灵、压缩机间歇运转、制冷剂泄漏、充注的制冷剂过多、制冷系统中有空气、压缩机效率低、蒸发器管路中有冷冻机油、制冷管路轻微堵塞等都会引起制冷效果差的情况。

2. 了解空调器"制热效果不良"的故障特点

"制热效果不良"的故障主要是指空调器在规定的工作条件下，室内温度不上升或上升不到设定的温度值。这类故障可以细致划分为2种："完全不制热"和"制热效果差"。

（1）空调器"完全不制热"的故障特点

【图文讲解】

图2-26所示为空调器"完全不制热"的典型故障表现。

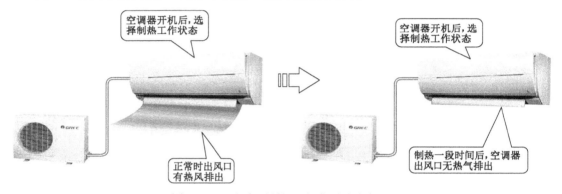

图2-26　"完全不制热"的典型故障表现

这种故障，主要表现为空调器开机后，选择制热功能，制热一段时间后，无热风送出。

【资料链接】

空调器完全不制热是冬季空调器出现较频繁的故障现象，其故障原因多为四通阀不换向、制冷剂全部泄漏、制冷系统堵塞、压缩机不运转、温度传感器失灵、压缩机控制或供电电路有故障元件等。

（2）空调器"制热效果差"的故障特点

【图文讲解】

图2-27所示为空调器"制热效果差"的典型故障表现。

这种故障，主要表现为空调器能正常运转制热，但在规定的工作条件下，室内温度上升不到设定温度值。

【资料链接】

空调器制热效果差也是冬季空调器出现较为频繁的故障现象，其故障原因与制冷效果差基本相似，多为温度设定不正常、滤尘网堵塞、贯流风扇不运转、温度传感器失灵、压缩机间歇运转、制冷剂泄露、充注的制冷剂过多、制冷系统中有空气、压缩机效率低、蒸发器管路中有冷冻机油、制冷管路轻微堵塞等引起的。

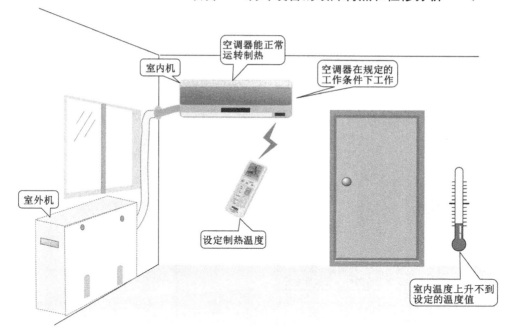

图 2-27　"制热效果差"的典型故障表现

【提示】

　　判定空调器制热效果差的故障时，不能凭直觉判断故障，应通过测量室内机的温度差进行判断。将空调器设定在制热状态，待其运行一段时间后，再测量室内机进、出口的温度差，如图 2-28 所示。如果温度差小于 16℃，说明空调器的制热效果差；如果温度差大于 16℃，即使人体感觉制热效果差，也属于正常现象。

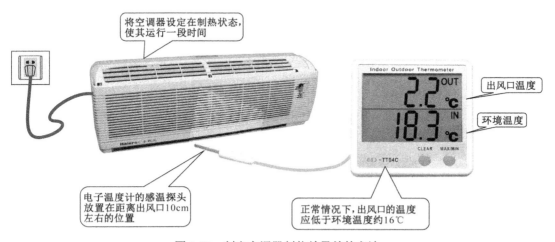

图 2-28　判定空调器制热效果差的方法

3. 了解"部分功能异常"的故障特点

　　"部分功能异常"的故障主要是指空调器制冷/制热正常，但工作过程中有异常的现象，这类故障可以细致划分为 4 种："漏水"、"漏电"、"振动及噪声过大"和"压缩机不停机"。

（1）空调器"漏水"的故障特点

【图文讲解】

图 2-29 所示为空调器"漏水"的典型故障表现。

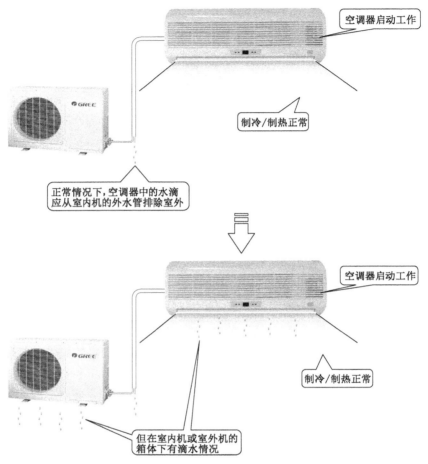

图 2-29　空调器"漏水"的典型故障表现

这种故障，主要表现为：空调器启动工作后，制冷/制热正常，但空调器室内机或室外机箱体下有滴水情况。

【资料链接】

空调器漏水的故障主要有室外机漏水和室内机漏水两种情况。

其中，室外机漏水多为进行除湿操作时产生的冷凝水，并非空调器本身出现故障。除湿操作产生的冷凝水，一部分在室外机风扇的作用下直接在冷凝器上蒸发，剩余的冷凝水从排水软管流出，但有时在风扇螺旋桨的作用下冷凝水会喷溅出来，积聚在室外机内壁上，滴落流出，便形成漏水。

而室内机漏水多为室内机固定不平、排水管破裂、接水盘破裂或脏堵所引起的。

（2）空调器"漏电"的故障特点

【图文讲解】

图 2-30 所示为空调器"漏电"的典型故障表现。

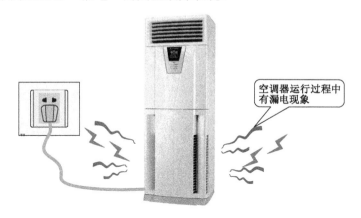

空调器运行过程中有漏电现象

图 2-30　空调器"漏电"的典型故障表现

这种故障，主要表现为空调器启动工作后，制冷/制热正常，但空调器室内机外壳带电，有漏电现象。

【内功心法】

由于空调器老化、使用环境过于潮湿或电路故障，漏电情况也是有所发生的，通常可从轻微漏电和严重漏电两方面分析空调器产生漏电的原因。

轻微漏电通常是由于空调器受潮使电气绝缘性能降低所引起的，此时手触摸金属部位会有发麻的感觉，用试电笔检查时会有亮光。

严重漏电通常是由于空调器电气故障或用户自己安装插头时接线错误而使空调器外壳带电的，此现象十分危险，不可用手触摸金属部位，使用试电笔测试时会有强光。

（3）空调器"振动及噪声过大"的故障特点

【图文讲解】

图 2-31 所示为空调器"振动及噪声过大"的典型故障表现。

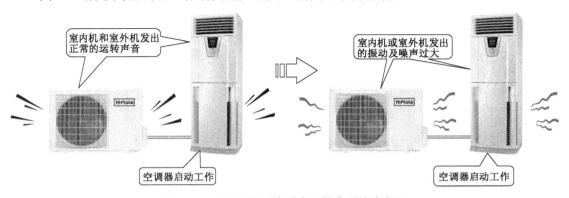

室内机和室外机发出正常的运转声音

空调器启动工作

室内机或室外机发出的振动及噪声过大

空调器启动工作

图 2-31　"振动及噪声过大"的典型故障表现

这种故障，主要表现为空调器启动工作时产生的振动及噪声过大。

【资料链接】

空调器振动及噪声过大的故障原因多为安装不当、空调器内部元件松动、空调器内有异物、电动机轴承磨损、压缩机抱轴、卡缸等引起的。

（4）空调器"压缩机不停机"的故障特点

【图文讲解】

图 2-32 所示为空调器"压缩机不停机"的典型故障表现。

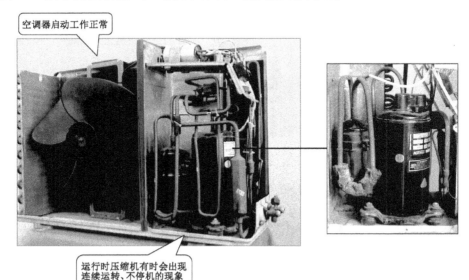

空调器启动工作正常

运行时压缩机有时会出现连续运转、不停机的现象

图 2-32　"压缩机不停机"的典型故障表现

这种故障，主要表现为空调器运行时，压缩机有时会出现连续运转、不停机的现象。

【资料链接】

空调器工作过程中，出现压缩机不停机的故障多是由于温度环境条件调整不当、温度传感器失灵、制冷量减小、风扇失灵等引起的。

◆ 空调器的温度设置过低或环境条件调整不当，如门窗开放或有持续性热源存在等，将造成空调器总无法达到设定的温度，进而使压缩机不停机。

◆ 温度传感器失灵，会使压缩机持续运转，出现不停机的故障。

◆ 在制冷系统中，制冷剂渗漏和系统堵塞等都会直接影响空调器的制冷量，制冷量减少时，蒸发器的温度达不到额定值，导致温度传感器不工作，进而使压缩机不停机。

◆ 室外风扇不转或转速不够，使得空气的流通性变差，从而使制冷剂冷凝或蒸发受到影响。

技能训练 2.2.2　做好空调器的检修分析

空调器的故障现象往往与故障部位之间存在着对应关系。掌握这种对应关系，我们便可以针对不同的故障表现制订出合理的故障检修分析。这将大大提高维修效率，降低维修成本。

1. 做好空调器"制冷效果不良"的故障检修分析

（1）空调器"完全不制冷"的故障检修分析

空调器出现"完全不制冷"的故障时，首先要确定室内机出风口是否有风送出，然后排除外部电源供电的因素，最后重点对制冷管路、室内温度传感器、启动电容、压缩机等进行检查。

【图文讲解】

图 2-33 所示为空调器"完全不制冷"故障的基本检修分析。

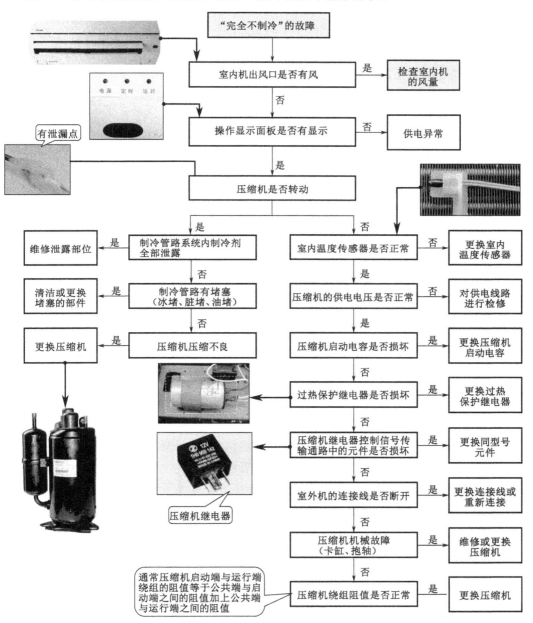

图 2-33　空调器"完全不制冷"故障的基本检修分析

【提示】

制冷管路堵塞主要包含冰堵和脏堵。

冰堵的表现是空调器一会制冷一会不制冷。刚开始时一切正常，但持续一段时间后，堵塞处开始结霜，蒸发器温度下降，水分在毛细管狭窄处聚集，逐渐将管孔堵死，然后蒸发器处出现融霜，也听不到气流声，吸气压力呈真空状态。需要注意的是，这种现象是间断的，时好时坏。为了及早判断是否出现冰堵，可用热水对堵塞处加热，使堵塞处的冰体融化，片刻后，如听到突然喷出的气流声，吸气压力也随之上升，可证实是冰堵。

脏堵与冰堵的表现有相同之处，即吸气压力高，排气温度低，从蒸发器中听不到气流声。不同之处为，脏堵时经敲击堵塞处（一般为毛细管和干燥过滤器接口处），有时可通过一些制冷剂，有些变化，而对加热无反应，用热毛巾敷时也不能听到制冷剂流动声，且无周期变化，排除冰堵后即可认为脏堵所致。

【内功心法】

压缩机的机械故障主要表现在抱轴和卡缸两方面。

抱轴大多是由于润滑油不足而引起的，润滑系统油路堵塞或供油中断、润滑油中有污物杂质而使黏性增大等都会导致抱轴。另外，镀铜现象也会造成抱轴。

卡缸是指由于活塞与汽缸之间的配合间隙过小或热胀关系而卡死。

抱轴与卡缸的判断：在空调器通电后，压缩机不启动运转，但是细听时可听到轻微的"嗡嗡"声，过热保护继电器几秒钟后动作，触点断开。如此反复动作，压缩机也不启动。

（2）空调器"制冷效果差"的检修分析

空调器出现"制冷效果差"的故障时，首先要排查外部环境因素，然后重点对电源熔断器、室内风扇组件、室内温度传感器、制冷管路等进行检查。

【图文讲解】

图 2-34 所示为空调器"制冷效果差"故障的基本检修分析。

【提示】

制冷管路中制冷剂存在泄漏的主要表现为吸、排气压力低而排气温度高，排气管路烫手，在毛细管出口处能听到比平时要大的断续的"吱吱"气流声，停机后系统内的平衡压力一般低于相同环境温度所对应的饱和压力。

制冷管路中制冷剂充注过多的主要表现为压缩机的吸、排气压力普遍高于正常压力值，冷凝器温度较高，压缩机电流增大，压缩机吸气管挂霜。

制冷管路中有空气的主要表现为吸、排气压力升高(不高于额定值)，压缩机出口至冷凝器进口处的温度明显升高，气体喷发声断续且明显增大。

制冷管路中有轻微堵塞的主要表现为排气压力偏低，排气温度下降，被堵塞部位的温度比正常温度低。

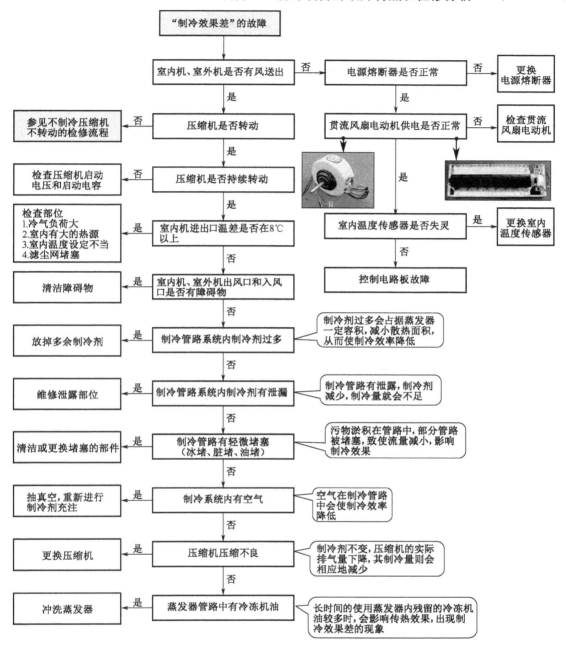

图 2-34　空调器"制冷效果差"故障的基本检修分析

2. 做好空调器"制热效果不良"的故障检修分析

（1）空调器"完全不制热"的故障检修分析

空调器出现"完全不制热"的故障时，首先应检查室内机出风口是否有风送出，然后排除外部电源供电的因素，确定四通换向阀是否可以正常换向，若正常则可按照"完全不制热"的检修流程进行检修。

【图文讲解】

图 2-35 所示为空调器"完全不制热"故障的基本检修分析。

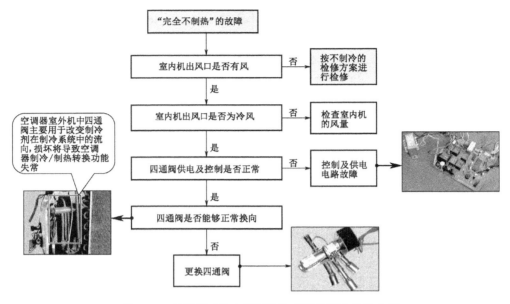

图 2-35　空调器"完全不制热"故障的基本检修分析

（2）空调器"制热效果差"的故障检修分析

空调器出现"制热效果差"的故障时，应先检查室内机出风口是否有风，然后重点对四通阀、单向阀等进行检修，若均正常，便可按照制冷效果差的检修分析进行检修。

【图文讲解】

图 2-36 所示为空调器"制热效果差"故障的基本检修分析。

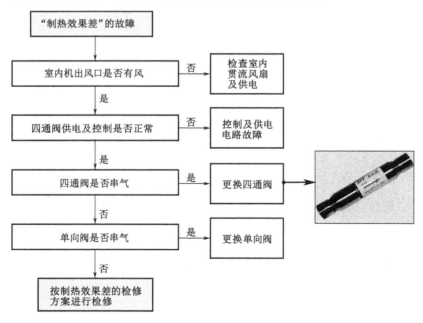

图 2-36　空调器"制热效果差"故障的基本检修分析

3. 做好空调器"部分功能异常"的故障检修分析

（1）空调器"漏水"的故障检修分析

空调器出现"漏水"的故障时，应先确定是否为室内机漏水，若室内机漏水，应首先检查室内机的固定是否不平；然后对其室内机排水管、接水盘进行检修，排除故障。

【图文讲解】

图 2-37 所示为空调器"漏水"故障的基本检修分析。

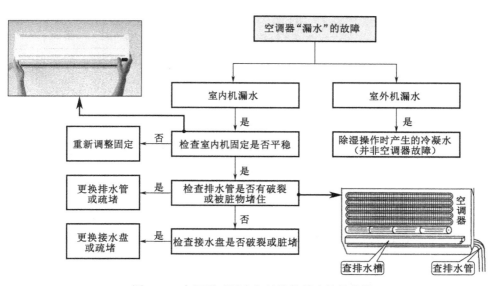

图 2-37 空调器"漏水"故障的基本检修分析

（2）空调器"漏电"的故障检修分析

空调器出现"漏电"的故障时，应重点对外壳接地、电气绝缘情况以及电容器是否漏电进行检修。

【图文讲解】

图 2-38 所示为空调器"漏电"故障的基本检修分析。

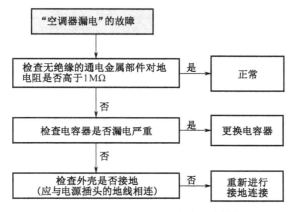

图 2-38 空调器"漏电"故障的基本检修分析

【提示】

空调器出现漏电的情况，检查空调器中无绝缘的通电金属部件对地电阻是否高于1MΩ。如果通电金属部件的对地电阻高于1MΩ，则空调器可安全使用；如果通电金属部件的对地电阻低于1MΩ，需检查空调器电气线路每一段的绝缘电阻是否正常。如电气线路的某段不正常，找出漏电部件，使用同型号的元器件更换即可；如果电气线路的绝缘电阻都正常，则漏电可能是由静电充电引起的，并非空调器本身故障，可对空调器外壳接地排除漏电故障。

（3）空调器"振动及噪声过大"的故障检修分析

空调器出现"振动及噪声过大"的故障时，应先查看空调器的机架是否固定牢固，然后再重点对空调器外壳的固定螺钉、内部的风扇以及压缩机等进行检查，从而查找到发生故障的部位。

【图文讲解】

图2-39所示为空调器"振动及噪声过大"故障的基本检修分析。

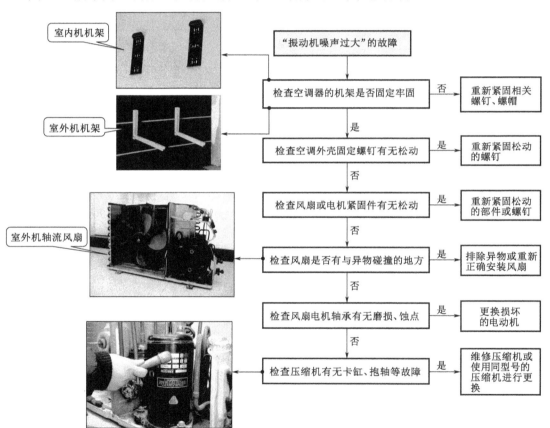

图2-39　空调器"振动及噪声过大"故障的基本检修分析

（4）空调器"压缩机不停机"的故障检修分析

空调器出现"压缩机不停机"的故障时，应先排除温度设置不当的因素，然后重点对温度传感器、制冷管路以及风扇等进行检查，从而查找出引起压缩机不停机的故障原因。

【图文讲解】

图 2-40 所示为空调器"压缩机不停机"故障的基本检修分析。

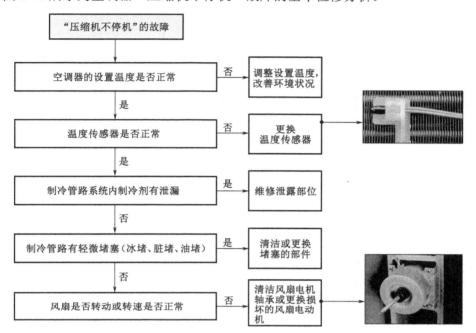

图 2-40 空调器"压缩机不停机"故障的基本检修分析

项目三

掌握制冷设备管路加工连接
的基本操作技能

▶▶▶

任务模块 3.1 制冷管路切管的技能训练

制冷管路系统是一个封闭的循环系统，在对制冷的管路进行充氮、充制冷剂、检修代换时，需要对管路进行切管处理。接下来我们首先认识一下切管工具，然后是掌握气管操作。

技能训练 3.1.1 认识切管工具

制冷设备检修中常用的管路切割工具主要是切管器，也常称其为割刀。

【图文讲解】

图 3-1 所示为两种常见切管器的实物外形。可以看到，切管器主要由刮管刀、滚轮、刀片及进刀旋钮组成。

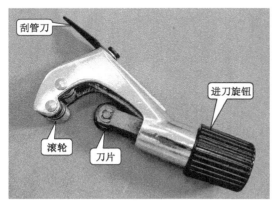

（a）规格较大的切管器

（b）规格较小的切管器

图 3-1 切管器

【提示】

常用切管器的规格为 3～20 mm。由于制冷设备制冷循环对管路的要求很高，杂质、灰尘和金属碎屑都会造成制冷系统堵塞，因此，对制冷铜管的切割要使用专用的设备，这样才可以保证铜管的切割面平整、光滑，且不会产生金属碎屑掉入管中阻塞制冷循环系统。

在切割压缩机或空间狭小的管路时，可以选用规格较小的切管器进行操作。

技能训练 3.1.2　切管的操作训练

在对制冷设备管路部件进行检修时，经常需要对管路中各部件的连接部位、过长的管路或不平整的管口等进行切割，以便实现变频空调器管路部件的代换、检修或焊接。

【图解演示】

如图 3-2 所示，逆时针调节切管器的进刀旋钮使刀片与滚轮间能容下待切割铜管。

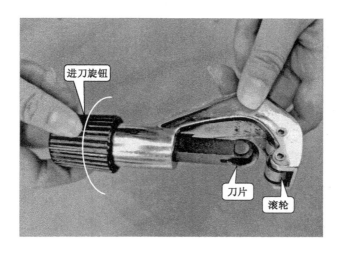

图 3-2　对切管器进行使用前的初步调整和准备

【图解演示】

如图 3-3 所示，首先将铜管放置在切管器的刀片和滚轮之间，并使铜管与切片相互垂直，然后顺时针缓慢调节切管器的进刀旋钮，使切管器的刀片顶住铜管的管壁。

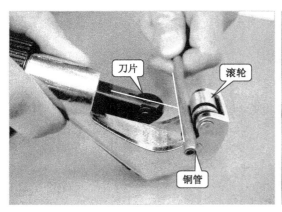 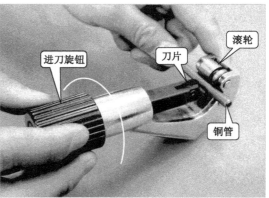

图 3-3　将铜管放置于刀片和滚轮间并调节进刀旋钮

【图解演示】

如图 3-4 所示，首先用手捏住铜管，转动切管器，使其绕铜管顺时针方向旋转，一边旋转切管器，同时缓慢调节切管器末端的进刀旋钮。

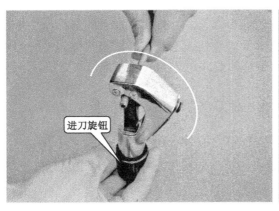
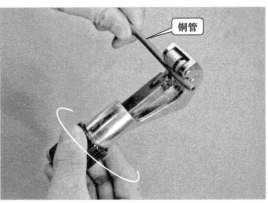

图 3-4　顺时针方向旋转切管器并调节进刀旋钮

【图解演示】

如图 3-5 所示，边调节进刀旋钮，边将切管器绕铜管旋转，直到管路被切割开。

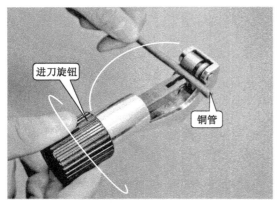
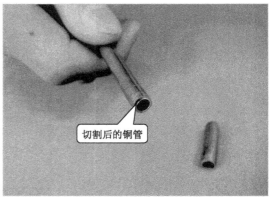

图 3-5　检查切割完成的铜管

【提示】

值得注意的是，在切管过程中应始终保持滚轮与刀片垂直压向管子，决不能侧向扭动，同时应通过进刀旋钮适当调节进刀的速度，不可以进刀过快、过深，以免崩裂刀刃或造成管路变形、歪斜等问题，如图 3-6 所示。

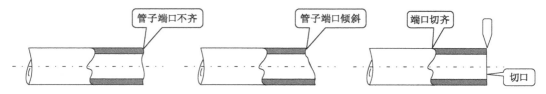

图 3-6　几种不合格的铜管

任务模块 3.2　制冷管路扩管的技能训练

在对制冷管路部分或管路中的功能部件进行检修时，常会遇到管路与管路、管路与部件的连接操作。然而，对于铜管间的两根管路连接时，由于管路密封性的要求，不允许两根铜管经管路直接对接，这时就需要将其中一根管路进行扩充，以便另一根管路能够紧密地插到扩充的管口上，我们对管路的扩充操作称为管路扩口。这里我们主要来认识一下常用的扩口工具，并掌握扩口方法。

技能训练 3.2.1　认识扩管工具

变频空调器维修中，一般使用扩管组件对各种管路的管口进行扩口操作。

【图文讲解】

图 3-7 所示为扩管组件的实物外形，可以看到扩管组件主要包括顶压器、顶压支头和夹板。

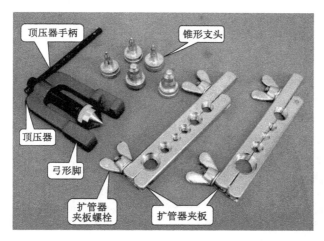

图 3-7　扩管组件的实物外形

技能训练 3.2.2　扩管的操作训练

对制冷设备中的管路进行扩管操作时，根据管路连接方式的不同需求，有杯形口和喇叭口两种扩管方式。其中，采用焊接方式连接时，一般需扩杯形口；而采用钠子连接方式时，需扩为喇叭口。下面我们分别对这两种管口的加工方法进行介绍。

1. 扩杯形口的操作方法

两根直径相同的铜管需要通过焊接方式连接时，应使用扩管器将一根铜管的管口扩为杯形口，以便另一根管路能够插入管口中，保证连接封闭性。

【图文讲解】

图 3-8 所示为扩杯形口的操作方法示意图。

首先准备好一根铜管，并选择一个合适的杯形口锥形支头，然后将选择好的锥形支头顶进管路口中，并进行扩管。最后将扩口完成的杯形口与铜管对插。

进行杯形口的扩管操作前，应首先根据待扩铜管选择合适的杯形口锥形支头，然后做好扩口准备，最后将铜管管口扩为杯形口的操作方法分三个步骤进行。

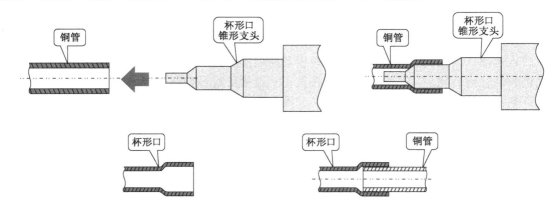

图 3-8　扩杯形口的操作方法示意图

（1）根据待扩铜管选择合适的杯形口锥形支头

根据待扩口的铜管，选择合适的杯形口锥形支头。

【图解演示】

如图 3-9 所示，首先选择与待扩铜管的管径相同的扩管器夹板孔径，然后选择合适的杯形口锥形支头（以扩口后另一根通过能够插入扩口中为选择依据），最后选择好扩口工具，为下一步操作做好准备。

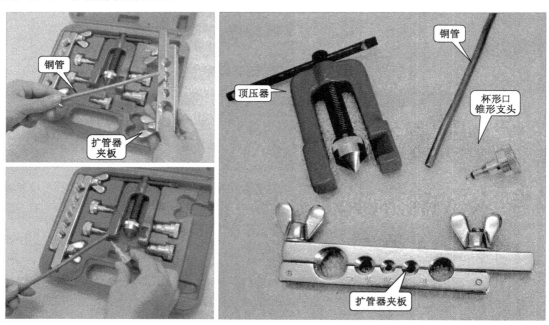

图 3-9　根据待扩铜管选择合适的杯形口锥形支头

（2）做好扩口准备

选择好杯形口锥形支头后，接下来做好扩口准备。

【图解演示】

如图 3-10 所示，首先松开扩管器夹板上的螺栓；然后打开扩管器夹板；最后将需要扩口的铜管放置在与铜管管径相同的扩管器夹板孔中，放入时管口应朝向夹板有喇叭口斜面的一侧。

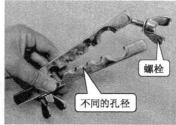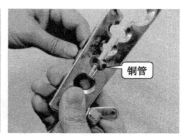

图 3-10　将铜管放入扩管器的夹板中

【图解演示】

如图 3-11 所示，铜管露出夹板的长度应与锥形支头的长度相等，并紧固夹板螺栓，使铜管夹紧固定良好。

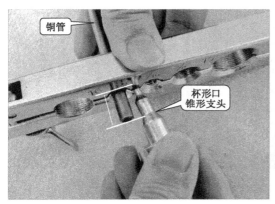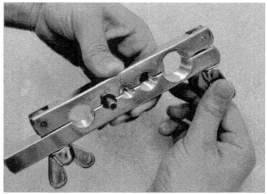

图 3-11　固定夹板

【图解演示】

如图 3-12 所示，首先将选配好的杯形口锥形支头装入到顶压器上，然后将杯形口锥形支头按逆时针方向旋紧。

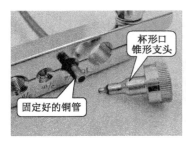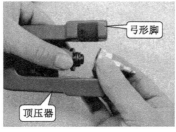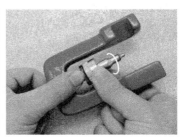

图 3-12　选择并安装杯形口锥形支头

（3）将铜管管口扩为杯形口

做好扩口准备后，接下来完成铜管管口扩杯形口的操作方法。

【图解演示】

如图 3-13 所示，首先向外旋转顶压器手柄，使杯形口支头位于顶压器顶部。然后将顶压器的锥形支头垂直顶压到铜管管口上，同时使顶压器的弓形脚卡住扩管器夹板。最后沿顺时针方向旋转顶压器的手柄。由于压力作用，顶压器的锥形支头将铜管管口扩成杯形。

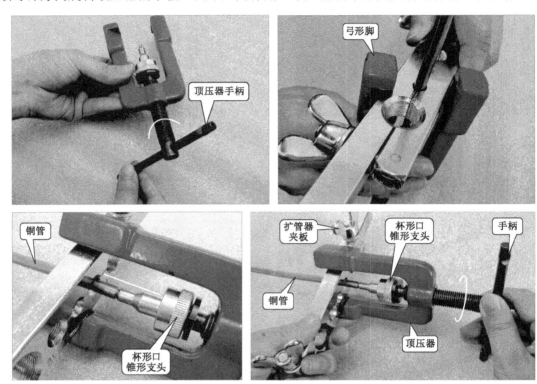

图 3-13　进行扩口操作

【图解演示】

如图 3-14 所示，铜管扩口完成后，首先逆时针转动顶压器上的手柄，使顶压器的锥形支头与铜管分离。然后将扩管器夹板从顶压器的弓形脚中取出，并松动扩管器夹板螺栓，取出铜管。

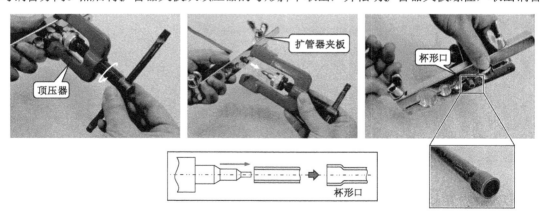

图 3-14　分离扩管器夹板和顶压器并取下扩口完成的铜管

2. 扩喇叭口的加工方法

当两根铜管需要通过钠子或转接器连接时，则需要将管口加工成喇叭口。喇叭口与用于室内机或室外机上的连接管口进行连接。

喇叭口的扩管操作与杯形口的扩管操作基本相同，只是在选配组件时，应选择扩充喇叭口的锥形头。

【图解演示】

按照与扩压杯形口相同的方法，如图 3-15 所示，首先将喇叭口锥形支头安装在顶压器上，用锥形支头压住管口，然后进行扩压操作。待管口被扩成喇叭形后，最后将顶压器取下即可看到扩压好的管路。扩口完成后应查看喇叭口大小是否符合要求，有无裂痕。值得注意的是扩压喇叭口所使用的锥形支头没有规格之分，可以给任何直径的铜管扩压喇叭口。

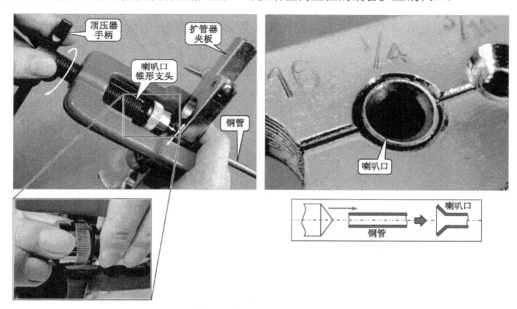

图 3-15　使用扩管器将铜管管口扩为喇叭口

【提示】

在进行扩管操作时，要始终保持顶压支头与管口垂直，施力大小要适中，以免造成管口开裂、歪斜等问题，如图 3-16 所示。

图 3-16　管口开裂、歪斜

任务模块 3.3　制冷管路焊接的技能训练

制冷管路的连接多数采用焊接方式，因为经过焊接后的管路连接可靠，外表圆滑，而且不易发生泄漏、堵塞等现象。这里我们首先需要认识一下焊接用的各种设备，并在此基础上完成焊接管路的操作训练。

技能训练 3.3.1　认识气焊设备

制冷管路焊接主要使用气焊设备进行，气焊设备的使用要求很严格，需要时刻遵循使用规范进行操作。

【图文讲解】

图 3-17 所示为气焊设备的实物外形。可以看到，其主要是由氧气瓶、燃气瓶、焊枪组成的。

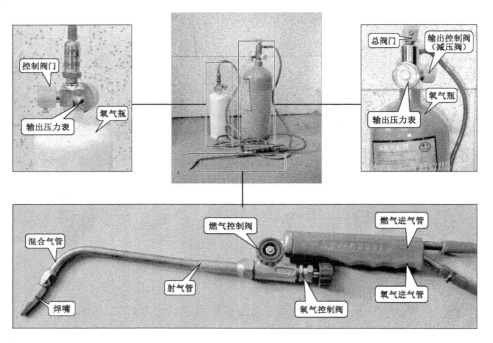

图 3-17　气焊设备的实物外形

输出压力表用来指示输出的氧气量，指示燃气液化石油气的输出量；输出控制阀用来控制氧气的输出量；总阀门用来控制氧气的输出；控制阀门用来控制燃气瓶（液化石油气）的流量。焊接时，通过对燃气控制阀和氧气控制阀的调节来改变混合气体的比例，从而控制火焰的大小。

【提示】

（1）在使用氧气瓶和燃气瓶时，氧气连接管和燃气连接管要足够长，不能短于 2m，并且连接管的多余部分不可以盘绕在身体周围，在使用时，为了防止气体的泄漏要确保连接管连接正确和良好。

（2）在进行焊接前要检查是否有制冷剂泄漏，不能在有制冷剂泄漏的环境下进行焊接操作，当制冷剂遇到明火便会产生有毒气体，对人身安全造成损害。

（3）在进行焊接时，要注意不能将火焰对准氧气瓶或燃气瓶，同时易燃物品应远离火焰，以防止爆炸事故的发生。

技能训练 3.3.2　焊接管路的操作训练

使用气焊设备焊接制冷管路，是制冷维修人员必须具备的一项操作技能。

1. 打开燃气瓶、氧气瓶的总阀门并对输出的压力进行调整

【图解演示】

首先将需要焊接的两根管路插接在一起，准备焊接，如图 3-18 所示。接着打开燃气瓶、氧气瓶的总阀门，并对输出的压力进行调整。

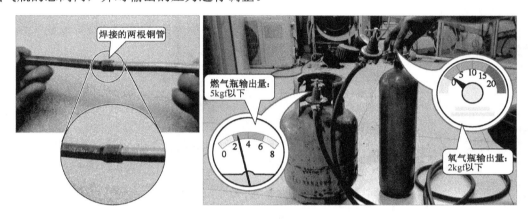

图 3-18　打开燃气瓶、氧气瓶的总阀门并对输出的压力进行调整

【提示】

在使用氧气瓶和燃气瓶时，氧气连接管和燃气连接管要足够长，不能短于 2m，并且连接管的多余部分不可以盘绕在身体周围，使用时，为防止气体的泄漏，要确保连接管连接正确和良好。

焊接前，要检查是否有制冷剂泄漏，不能在有制冷剂泄漏的环境下进行焊接操作，当制冷剂遇到明火，便会产生有毒气体，对人身安全造成损害。

2. 点火并调整焊枪的火焰

调整好燃气瓶、氧气瓶的总阀门的输出压力后，接下来按要求进行焊枪的点火操作。

【图解演示】

如图 3-19 所示，首先打开焊枪上的燃气控制阀，然后将打火机置于焊枪口附近进行点火，最后打开焊枪的氧气控制阀门，调整火焰。

【提示】

使用气焊设备的点火顺序为先分别打开燃气瓶和氧气瓶阀门（无前后顺序，但应确保焊枪上的控制阀门处于关闭状态）；然后打开焊枪上的燃气控制阀门，接着用打火机迅速点火；最后打开焊枪上的氧气控制阀门，调整火焰至中性焰。

　　另外，若气焊设备焊枪枪口有轻微氧化物堵塞，可首先打开焊枪上的氧气控制阀门，用氧气吹净焊枪枪口；然后将氧气控制阀门调至很小或关闭后，再打开燃气控制阀门，接着点火；最后再打开氧气控制阀门，调至中性焰。

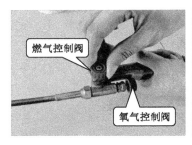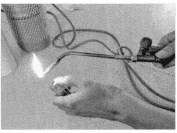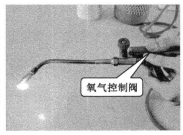

图 3-19　焊枪的点火顺序

【图解演示】

　　管路焊接前，应将焊枪的火焰调整至最佳状态，如图 3-20 所示，调节焊枪的火焰。若调整不当，则会造成管路焊接时产生氧化物或无法焊接的现象。

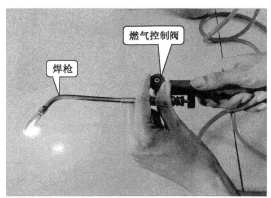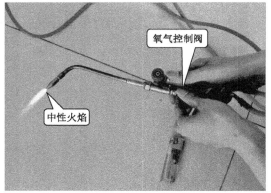

图 3-20　调节焊枪的火焰

【资料链接】

　　在调节火焰时，如氧气阀或燃气阀开得过大，不易出现中性火焰，反而成为不适合焊接的过氧焰或碳化焰，图 3-21 所示为使用气焊时不同的火焰比较。

　　其中，中性焰外焰呈天蓝色，中焰呈亮蓝色，而焰心呈明亮的蓝色，表明燃气氧气比例适中；而过氧焰焰心短而尖，内焰呈淡蓝色，外焰呈蓝色，火焰挺直，燃烧时发出急剧的嘶嘶声。过氧焰温度高，火焰逐渐变成蓝色，用过氧焰焊接制冷设备管路容易将管壁烧穿或在内壁产生氧化物；而碳化焰的温度较低，无法焊接管路。碳化焰外焰特别长而柔软，呈橘红色。

图 3-21　中性焰、过氧焰、碳化焰比较

3．使用气焊设备对管路进行焊接

调整好焊枪的火焰后，则需要使用气焊设备对管路进行焊接。

【图解演示】

如图 3-22 所示，用钢丝钳夹住铜管，然后用焊枪对准焊口均匀加热，当铜管被加热到呈暗红色时，即可进行焊接。焊接时把焊条放到焊口处，利用中性焰的高温将其熔化，待熔化的焊条均匀地包围在两根铜管的焊接处时即可将焊条取下。

 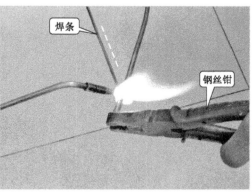

图 3-22　使用气焊设备对管路进行焊接

【提示】

值得注意的是，在焊接操作时，要确保对焊口处均匀加热，绝对不允许使用焊枪的火焰对管路的某一部件进行长时间加热，否则会使管路烧坏。

另外，在焊接时，若制冷设备中的压缩机工艺管口的管壁上有锈蚀现象，需要使用砂布对焊接部位附近 1～2cm 的范围进行打磨，直至焊接部位呈现铜本色，这样有助于与管路连接器很好地焊接，提高焊接质量。

4．关火

焊接完成后，并按要求关闭气焊设备。

【图解演示】

如图 3-23 所示，首先关闭氧气控制阀，然后关闭燃气控制阀。并待管路冷却后，检查焊接部位是否牢固、平滑，有无明显焊接不良的问题。

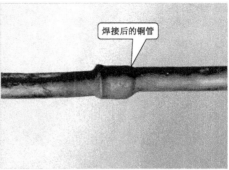

图 3-23　管路焊接完成后，按要求关火

【提示】

通常，关火顺序为先关闭焊枪上的氧气控制阀门，然后关闭焊枪上的燃气控制阀门，若长时间不再使用，还应最后关闭氧气瓶和燃气瓶上的阀门。关火顺序不可相反，否则会引起回火现象，发出很大的"啪"声响。

项目四

▶▶▶ **掌握制冷设备的基本操作技能**

任务模块 4.1 充氮检漏的测试技能训练

充氮检漏是指向制冷设备的管路系统中充入氮气,并使制冷设备管路系统具有一定压力后,用洗洁精水(或肥皂水)检察管路各焊接点有无泄漏,以保证制冷设备管路系统的密封性。下面我们分别以电冰箱和空调器为例进行介绍。

技能训练 4.1.1 电冰箱充氮检漏测试训练

1. 电冰箱充氮检漏设备的连接操作训练

对电冰箱进行充氮检漏测试训练前,应首先根据要求将相关的充氮设备与待测电冰箱进行连接。

【图文讲解】

图 4-1 所示为电冰箱管路充氮检漏设备连接关系示意图。电冰箱管路的充氮操作,一般通过电冰箱压缩机的工艺管口充入氮气,需要准备的工具主要有氮气瓶、减压器、连接软管、三通压力表阀、管路连接器以及切管器等。

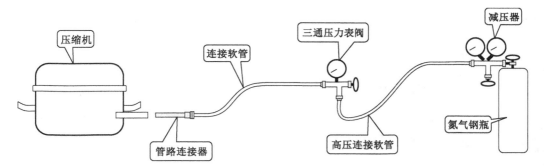

图 4-1 电冰箱管路充氮检漏设备连接关系示意图

通常将充氮检漏设备的连接分为 4 步:第 1 步是用切管器切开压缩机工艺管口的封口;第 2 步是将管路连接器插入工艺管口中,并用气焊设备进行焊接;第 3 步是用连接软管将管路连接器与三通压力表阀连接;第 4 步是用另一根连接软管将三通压力表阀与氮气钢瓶上的减压器出口连接。

（1）切开压缩机工艺管口的封口

电冰箱的管路系统是一个封闭的循环系统。对管路进行充氮时，应在电冰箱制冷管路中的制冷剂被回收或释放后，再将电冰箱压缩机工艺管口的封口切开。

【图解演示】

图 4-2 所示为对压缩机工艺管口进行切割。使用切管器将电冰箱压缩机工艺管口切开，用钢丝钳将切开的工艺管口掰下。

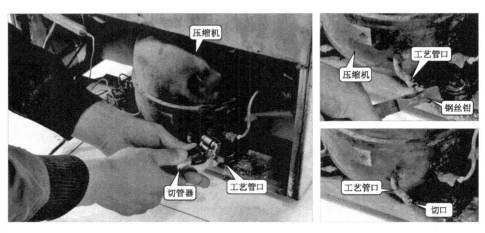

图 4-2　对压缩机工艺管口进行切割

（2）焊接压缩机工艺管口与管路连接器

管路连接器是电冰箱充氮检漏环境中关键的连接部件。通常电冰箱压缩机的工艺管口无法直接与连接软管等设备建立连接，所以连接时要将管路连接器焊接到工艺管口上，再通过管路连接器的螺口与连接软管进行连接。

【图解演示】

图 4-3 所示为将管路连接器插入工艺管口中。将管路连接器插入压缩机工艺管口中，插接完成的工艺管口和管路连接器，为焊接做好准备。

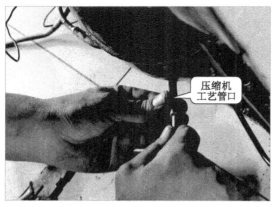

图 4-3　将管路连接器插入工艺管口中

【资料链接】

通常，为防止气焊加热时损坏内部的阀芯，须将管路连接器接口内的阀芯取下，如

图 4-4 所示，首先顺时针旋转管路连接器的螺帽，将其取下，接着将管路连接器的螺帽翻转过来，对准阀芯并顺时针旋转，待阀芯松动后，将其从管路连接器的连接管口中取出，将阀芯取下后，准备焊接。

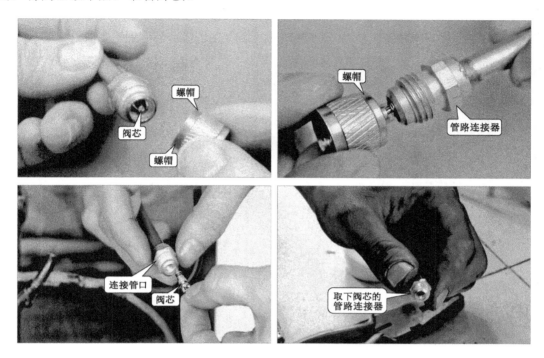

图 4-4　取下管路连接器的阀芯

　　电冰箱压缩机工艺管口与管路连接器焊接的准备操作均完成后，接下来便可进行焊接操作了。

【图解演示】

　　如图 4-5 所示，将焊枪发出的火焰对准工艺管口的焊接口，当接口处被加热至暗红色时，将焊条放置到焊口处，利用中性火焰的高温将焊条熔化，使其均匀地包围在接口焊接处，移开焊枪，管路连接器与压缩机工艺管口的焊接完成。

图 4-5　使用气焊设备将管路连接器焊接好

【说明】

焊接前最好在焊接位置后部放置隔离保护板，防止焊接火焰损坏其他部件。

【图解演示】

如图 4-6 所示，待管路连接器冷却或使用凉湿布加速其冷却后，用管路连接器的螺帽将阀芯装回管路连接器接口中，管路连接器与压缩机工艺管口最终焊接完成。

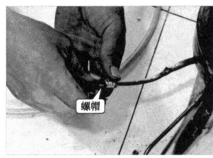

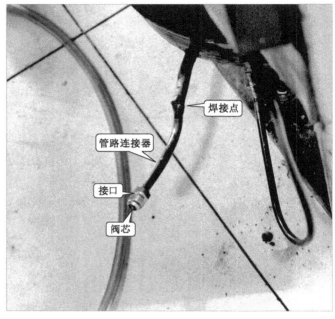

图 4-6　待管路连接器冷却，安装阀芯，焊接完成示意图

（3）连接三通压力表阀

在充氮过程中，需要监测管路中的压力。三通压力表阀的作用就是时刻监测所连接管路系统中的压力变化。因此，在电冰箱充氮检漏环境的搭建过程中，连接三通压力表阀是必要的操作环节。通常，焊接好管路连接器后，通过连接软管将管路连接器与三通压力表阀阀门相对的接口进行连接即可。

【图解演示】

如图 4-7 所示，首先用连接软管将带有阀针的英制连接头与管路连接器进行连接，然后用连接软管另一端（公制不带阀针）与三通压力表阀阀门相对的接口连接。值得注意的是，管路连接器的接口一般为英制，因此应用带英制连接头的软管连接。

【资料链接】

电冰箱压缩机的工艺管口需焊接管路连接器后才可与连接软管进行连接，而管路连接器接头为英制接头，若检修过程中，手头只有公制—公制连接软管，则无法进行连接，此时可用转接头（公制转英制转接头）进行转接后，再进行连接，如图 4-8 所示。

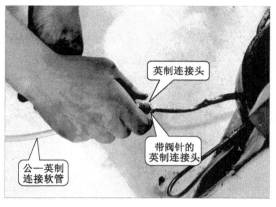
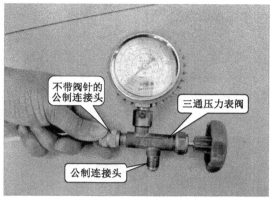

图 4-7 三通压力表阀的连接方法

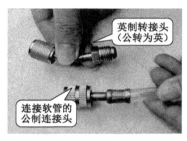
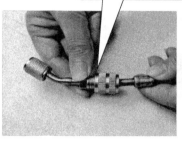
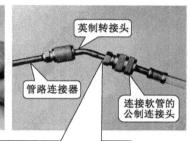

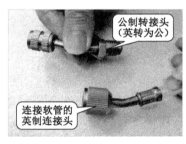
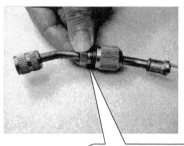
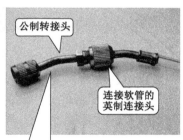

图 4-8 管路连接器通过转接头转接后与连接软管进行连接

（4）连接氮气钢瓶及减压器

氮气钢瓶及减压器是充氮检漏操作中的关键设备。将三通压力表阀阀门对应的接口与管路连接器接好后，用另一根连接软管将三通压力表阀表头相对的接口与氮气钢瓶上减压器出口连接（减压器一般直接旋紧在氮气钢瓶的接口上）。

【图解演示】

三通压力表阀与减压器的连接方法如图 4-9 所示。首先将三通压力表阀表头相对的接口与连接软管的一端相连。然后将连接软管的另一端与氮气钢瓶上的减压器出口相连。

充氮设备的连接关系：压缩机工艺管口→管路连接器→连接软管→三通压力表阀→连接软管→减压器→氮气钢瓶。检查各设备是否连接牢固、准确，为下一步开始充氮检漏操作做好准备。

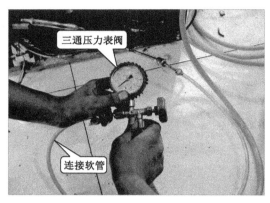

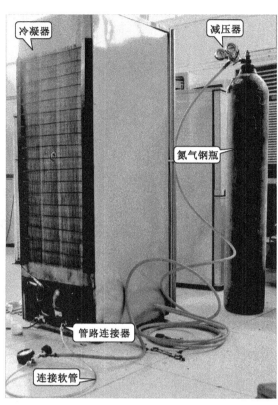

图 4-9   三通压力表阀与减压器的连接方法

【提示】

连接好充氮用的各种设备后，便可开始进行充氮操作了。值得注意的是，在充氮时由于氮气钢瓶中的压力过大，需要首先利用减压器调节好氮气钢瓶排气口的压力。并且，直接与减压器连接的连接软管，应使用充氮专用的高压连接软管。

2. 电冰箱充氮检漏的操作训练

充氮检漏系统的设备连接完成后，需要根据操作规范按要求的顺序打开各设备开关或阀门，然后开始向电冰箱管路中充氮气以及检测有无泄漏点。

【图文讲解】

图 4-10 所示为充氮检漏的基本操作顺序示意图。

通常将充氮检漏的具体操作分为 2 步：第 1 步是按要求的顺序打开各设备开关或阀门充入氮气；第 2 步是对焊接接口部分进行检漏。

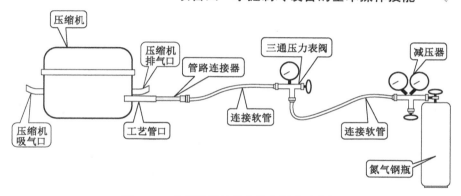

图 4-10　充氮检漏的基本操作顺序示意图

（1）按要求的顺序打开各设备开关或阀门充入氮气

充氮检漏各设备连接好后，按照规范要求的顺序打开各设备的开关或阀门，开始进行充氮操作。

【图解演示】

如图 4-11 所示，打开氮气钢瓶阀门，调整减压器上的调压手柄，使其出口约为 0.8 MPa（一般在 0.5～1 MPa 即可）。

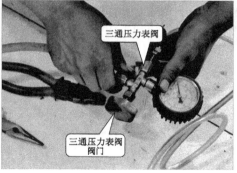

图 4-11　按要求的顺序打开各设备开关或阀门

【图解演示】

如图 4-12 所示，各设备均打开后，开始充入氮气，三通压力表阀显示充氮压力为 0.8MPa 时为适中，氮气经连接软管、三通压力表阀、管路连接器、压缩机工艺管口送入电冰箱管路系统。

（2）对焊接接口部分进行检漏

充氮一段时间后，变频电冰箱管路系统具备一定压力，一般当三通压力表阀指示在 0.6 MPa 时，即可停止充氮。关闭三通压力表阀阀门，取下与氮气钢瓶的连接关系，但仍保持三通压力表阀与电冰箱变频压缩机的连接关系。一段时间后，若三通压力表阀显示压力维持在 0.6 MPa 不变化，则说明管路中不存在泄漏点；若三通压力表阀显示的压力值逐渐变小，则说明管路存在泄漏故障，应重点对管路的各个焊接接口部分进行检漏。

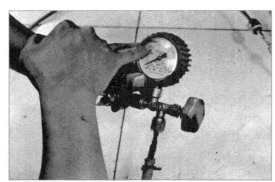

图 4-12 充注氮气

【图解演示】

图 4-13 所示为电冰箱管路系统中易发生泄漏故障的重点检查部位。

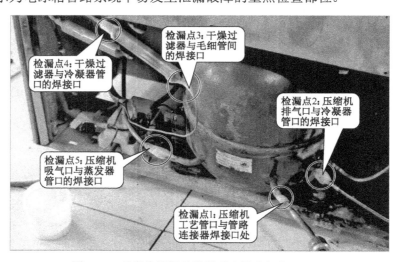

图 4-13 易发生泄漏故障的重点检查部位

【图解演示】

如图 4-14 所示,将洗洁精与水成 1 : 5 的比例放置在容器中进行调制,直至洗洁精水产生丰富泡沫,用蘸有泡沫的海绵或毛刷涂抹在各个管路焊接处。若检漏点出现冒泡现象,说明检漏点有泄漏故障。

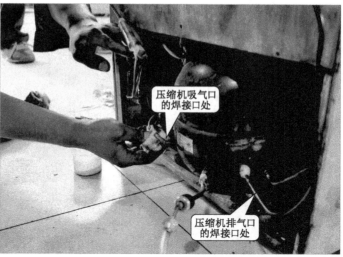

图 4-14　电冰箱管路系统易发生泄漏故障的重点检查部位及检漏的操作细节

技能训练 4.1.2　空调器充氮检漏测试训练

1. 空调器充氮检漏设备的连接操作训练

空调器充氮检漏设备的连接和电冰箱的连接基本相同，也需要准备氮气钢瓶、减压器、高压连接软管等，也是通过空调器压缩机工艺管口进行。

【图文讲解】

图 4-15 所示为空调器管路充氮检漏设备连接关系示意图。通常空调器充氮检漏的连接过程分为 2 步：第 1 步是完成充氮设备的安装操作（将减压器安装到氮气钢瓶上）；第 2 步是完成充氮设备与待测空调器的连接。

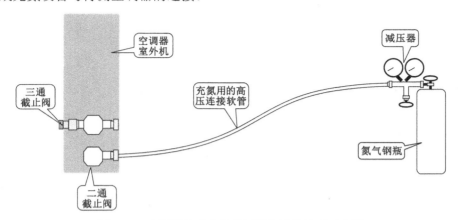

图 4-15　空调器管路充氮检漏设备连接关系示意图

（1）连接充氮设备

充氮设备主要由减压器和氮气钢瓶组成。由于氮气钢瓶中的氮气压力较大，使用时，必须在氮气钢瓶阀门口处接上减压器，并根据需要调节不同的排气压力，使充氮压力符合操作要求。因此，充氮设备的安装准备工作就是将减压器安装到氮气钢瓶上。

【图解演示】

将减压器进气口直接旋紧在氮气钢瓶的阀口上，如图 4-16 所示。

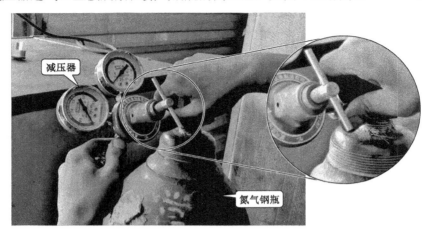

图 4-16　减压器与氮气钢瓶的连接方法

（2）完成充氮设备与待测空调器的连接

充氮设备与待测空调器的连接主要是使用充氮用的高压软管将充氮设备与待测空调器连接在一起。

【图解演示】

连接时，将充氮用的高压软管的一端与减压器的出气端口连接，另一端与待测空调器的二通截止阀连接即可，如图 4-17 所示。

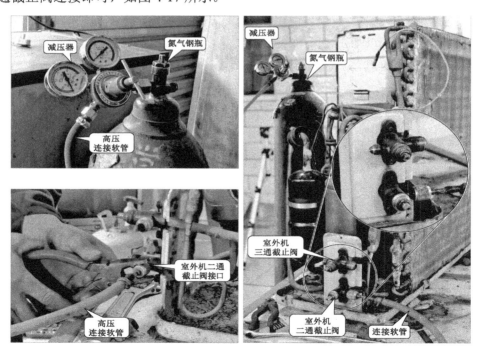

图 4-17　减压器与空调器室外机二通截止阀的连接方法

【资料链接】

如图 4-18 所示为空调器室外机上的二通截止阀、三通截止阀安装位置图。其中，管路较粗的一个是三通截止阀，另一个是二通截止阀。

二通截止阀又叫做液体截止阀或低压截止阀，制冷剂在通过该截止阀时呈液体状态，并且压强较低，所以二通截止阀的管路较细。

三通截止阀又叫做气体截止阀或高压截止阀，制冷剂在通过该截止阀时呈现高压、气体状态，所以三通截止阀的管路较粗，并且三通截止阀上还设有工艺管口，通过该管口可对空调器进行抽真空，充注制冷剂等检修操作。

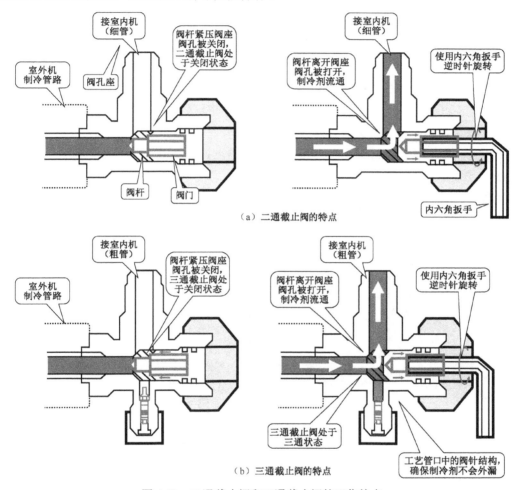

（a）二通截止阀的特点

（b）三通截止阀的特点

图 4-18　二通截止阀和三通截止阀的工作特点

用内六角扳手插入定位调整口中，然后逆时针旋转，带动阀杆上移，离开阀座，内部管路就会导通；用内六角扳手插入定位调整口中，然后顺时针旋转扳手，带动阀杆下移，直到压紧在阀座上，内部管路就会关闭。

2．充氮检漏的操作方法

充氮检漏系统的设备连接完成后，需要根据操作规范按要求的顺序打开各设备开关或阀门，然后开始向空调器管路中充入氮气并用洗洁精水（或肥皂水）泡沫检测有无泄漏点。

【图文讲解】

图 4-19 所示为充氮检漏的基本操作顺序和方法示意图。通常将充氮检漏的具体操作分为 2 步：第 1 步是对待测空调器进行充氮操作，第 2 步是对待测空调器进行检漏操作。

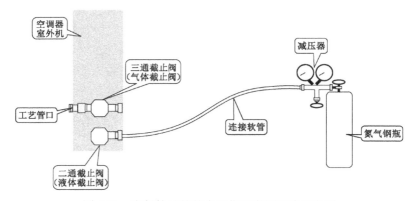

图 4-19　充氮检漏的基本操作顺序和方法示意图

（1）对待测空调器进行充氮操作

充氮检漏各设备连接好后，按照规范要求的顺序打开各设备的开关或阀门，开始进行充氮操作。

【图解演示】

如图 4-20 所示，首先用扳手将室外机上的三通截止阀控制阀门关紧，打开二通截止阀。接着打开氮气钢瓶上的总阀门，调整氮气钢瓶减压器上的调压手柄，使其出气压力大约为 1.5 MPa。持续向空调器室外机管路系统中充入氮气，增加系统压力，为下一步检漏做好准备。

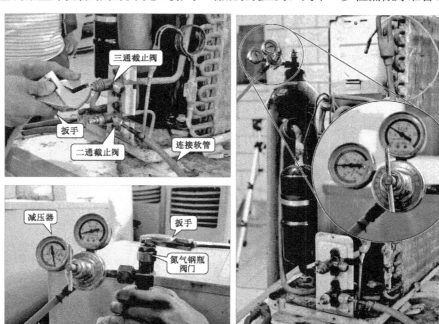

图 4-20　充氮的操作细节

【高手指点】

由于制冷剂在空调器管路系统中的静态压力最高在 1 MPa 左右，而对于系统漏点较小的故障部位，直接检漏无法测出，因此多采用充氮气增加系统压力来检查。

一般向空调器管路系统充入氮气压力在 1.5～2 MPa 即可。

（2）对待测空调器进行检漏操作

充氮一段时间后，空调器管路系统具备一定压力。应重点对管路的各个焊接部分进行检漏。检漏时可用洗洁精水（或肥皂水）检查管路各焊接点有无泄漏，以检验或确保空调器管路系统的密封性。

【图文讲解】

图 4-21 所示为空调器管路系统中易发生泄漏故障的重点检查部位。

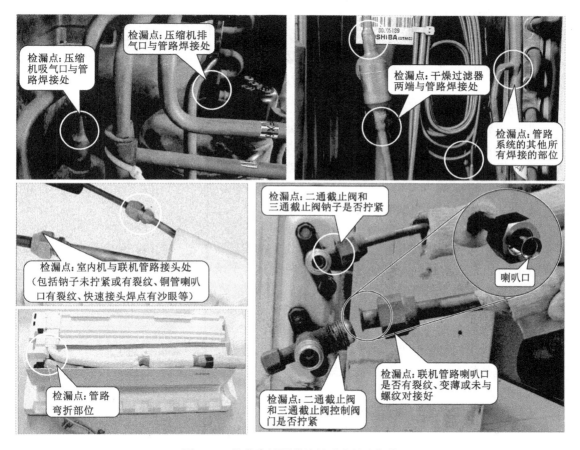

图 4-21　易发生泄漏故障的重点检查部位

【图解演示】

如图 4-22 所示，用海绵（或毛刷）蘸取泡沫，涂抹在压缩机吸气口、排气口、电磁四通阀、干燥过滤器、毛细管单向阀等部件的焊接口处。观察各涂有泡沫的接口处是否向外冒泡。若有冒泡现象说明检查部位有泄漏故障，没有冒泡说明检查部位正常。

【资料链接】

当空调器出现不制冷或制冷效果差故障时，若经检查确认为系统制冷剂不足引起的，在充注制冷剂前首先要查找泄漏点并进行处理。否则，即使补充制冷剂，由于漏点未处理，一段时间后空调器仍会出现同样的故障。

一般来说，在空调器管路系统中，除上述室外机一些泄漏重点检查部位外，在室内机接口处、联机管口弯管处等也较易发生泄漏。

图 4-22　空调器管路系统的检漏方法

【提示】

根据维修经验，将常见的泄漏部位汇总如下：

● 制冷系统中有油迹的位置（空调器制冷剂 R22 能够与压缩机润滑油互溶，如果制冷剂泄漏，通常会将润滑油带出，因此，制冷系统中有油迹的部位就很有可能是泄漏点，应作为重点进行检查）；

● 联机管路与室外机的连接处；

● 联机管路与室内机的连接处；

● 压缩机吸气管、排气管焊接口、四通阀根部及连接管道焊接口、毛细管与干燥过滤器焊接口、毛细管与单向阀焊接口（冷暖型空调）、干燥过滤器与系统管路焊接口等。

对空调器管路泄漏点的处理方法一般如下：

● 若管路系统中焊点部位泄漏，可补焊漏点或切开焊接部位重新进行气焊；

● 若四通阀根部泄漏，则应更换整个四通阀；

● 若室内机与联机管路接头钠子未旋紧，可用活络扳手拧紧接头钠子；

● 若室外机与联机管路接头处泄露，应将接头拧紧或切断联机管路喇叭口，重新扩口后连接；

● 若压缩机工艺管口泄漏，应重新进行封口。

严禁将氧气充入制冷系统用于检漏，否则有爆炸危险。

任务模块 4.2　抽真空和充注制冷剂的技能训练

在制冷设备的管路检修中，特别是进行管路部件更换或切割开管路操作后，空气很容易进入管路中，进而造成管路中高、低压力上升，增加压缩机负荷，影响制冷效果。另外，空气中的水分也可能导致压缩机线圈绝缘下降，缩短使用寿命；制冷时水分容易在毛细管部分形成冰堵等。

因此，在制冷设备的管路维修完成后，充注制冷剂之前，一定要对整体管路系统进行抽真空处理，以确保制冷管路中没有空气和水分。

技能训练 4.2.1 抽真空的操作训练

对制冷设备管路进行抽真空操作训练前，应首先根据要求将相关的抽真空设备与待测制冷设备进行连接，这里我们还继续以空调器为例开始，执行抽真空的专项训练。

1. 抽真空设备的连接操作训练

抽真空设备的连接，需要准备的设备有真空泵、连接软管、三通压力表阀等。

【图文讲解】

图 4-23 所示为空调器抽真空设备连接关系示意图。抽真空的训练是在连接好抽真空设备后，将其与待测的空调器进行连接，也是通过空调器压缩机的工艺管口以便将待测空调器中"抽"出空气和水分，完成抽真空操作。

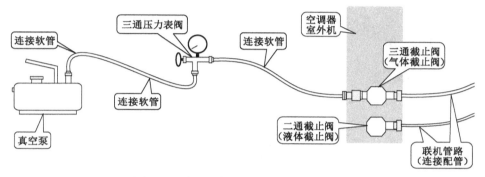

图 4-23 空调器抽真空设备连接关系示意图

通常将空调器抽真空设备的连接分为 3 步：第 1 步是将待测空调器联机管路进行连接；第 2 步是将抽真空设备进行安装连接；第 3 步是将抽真空设备与待测空调器连接。

【资料链接】

电冰箱管路的抽真空操作，也通过电冰箱压缩机的工艺管口进行，如图 4-24 所示。需要准备的设备与电冰箱抽真空的设备基本相同，也是有真空泵、连接软管、三通压力表阀等。通常将电冰箱抽真空设备的连接分为 2 步：第 1 步是将三通压力表阀与压缩机工艺管口连接；第 2 步是将三通压力表阀与真空泵连接。

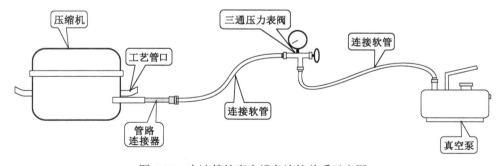

图 4-24 电冰箱抽真空设备连接关系示意图

（1）将待测空调器联机管路进行连接

待测空调器联机管路进行连接，主要是指将待测空调器室内机与室外机之间通过联机管路进行连接。当对空调器整个管路系统进行抽真空时，应确保联机管路连接良好。

【图解演示】

如图 4-25 所示，首先将联机管路中的细管（液管）钠子拧紧到室外机二通截止阀上，其次将联机管路中的粗管（气管）钠子拧紧到室外机的三通截止阀上。

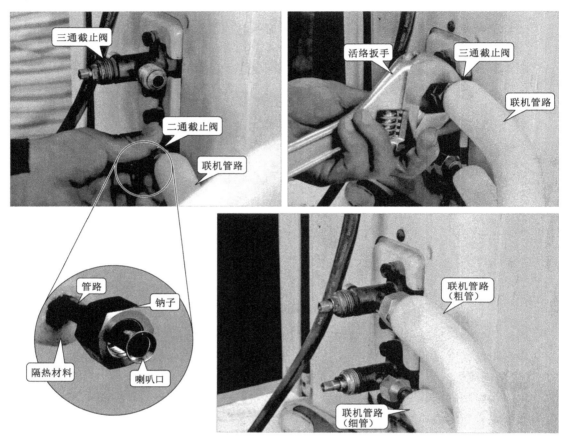

图 4-25　空调器室内机与室外机之间联机管路的连接方法

（2）将抽真空设备进行安装连接

抽真空设备主要由真空泵、三通压力表阀组成，用于将空调器管路系统中的空气抽出，使管路系统呈真空状态，为下一环节充注制冷剂做好准备。抽真空设备的安装准备工作就是将真空泵通过连接软管与三通压力表阀进行连接。

【图解演示】

如图 4-26 所示，准备好抽真空连接的设备。选取一根连接软管，将连接软管的一端（公制接头）与真空泵吸气口连接，将连接软管的另一端与压力表表头相对的接口连接。

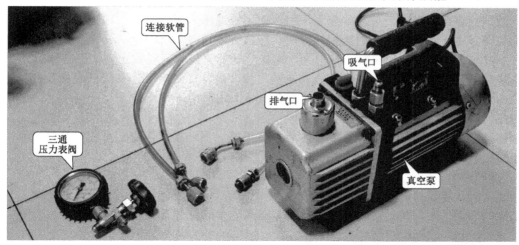

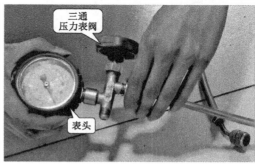

图 4-26　三通压力表阀与真空泵的连接方法

【资料链接】

　　在连接三通压力表阀时，哪些设备与表头相对的接口连接，哪些设备与阀门相对的接口连接，需要根据三通压力表阀的阀门所控制接口来决定。

　　三通压力表阀由三通阀、压力表和控制阀门构成。当控制阀门处于打开状态时，三通阀的三个接口均打开，处于三通状态；当控制阀门处于关闭状态时，三通阀一个接口被关闭，压力表接口与另一个接口仍打开，如图 4-27 所示。

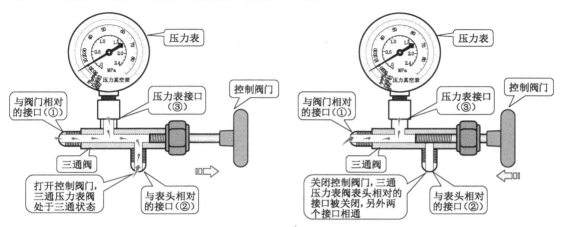

图 4-27　三通压力表阀接口的控制状态

为了能够在控制阀门关闭状态下，仍可使用三通压力表阀测试管路中压力，一般将三通压力表阀中能够被控制阀门控制的接口（接口②）连接氮气钢瓶、真空泵或制冷剂钢瓶等，不受控制阀门控制的接口（接口①）连接空调器室外机三通截止阀的工艺管口。

注意： 不同厂家生产的三通压力表阀阀门控制接口可能不同，在使用前应首先弄清楚三通压力表阀的阀门控制哪个接口，然后再根据上述原则进行连接。

（3）将抽真空设备与待测空调器连接

将抽真空设备与待测空调器连接主要是使用另一根连接软管将抽真空设备与待测空调器连接在一起的。

【图解演示】

连接时，将连接软管的一端接在三通压力表阀阀门相对的接口（与三通截止阀工艺管口连接的端口）上，将连接软管的另一端与三通截止阀工艺管口相连，如图 4-28 所示。

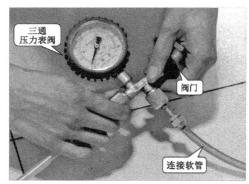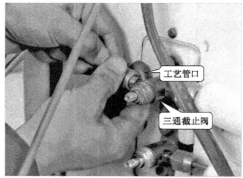

图 4-28　三通压力表阀的连接方法

2．抽真空的操作方法

抽真空各设备连接完成后，需要根据操作规范按要求的顺序打开各设备开关或阀门，然后开始对空调器管路系统进行抽真空。

【图文讲解】

图 4-29 所示为空调器抽真空的操作顺序。通常可将抽真空的过程分为 4 个步骤：第 1 步，分别打开三通截止阀和二通截止阀，使其处于导通状态；第 2 步，打开三通压力表阀门，使其处于三通状态；第 3 步，按下真空泵电源开关，管路系统内的空气从真空泵的排气口排出；第 4 步，抽真空完毕后，首先关闭三通压力表阀，再关闭真空泵电源开关，连同连接软管一同取下。

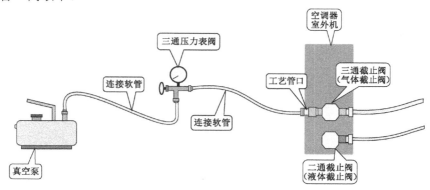

图 4-29　空调器抽真空的操作顺序

了解了空调器真空泵的操作顺序后，接下来便可进行空调器抽真空的基本操作了。

【图解演示】

如图 4-30 所示，首先用活络扳手将三通截止阀的控制阀门打开，使其处于三通状态。接着用同样的方法将室外机上的二通截止阀打开，使其处于二通状态。

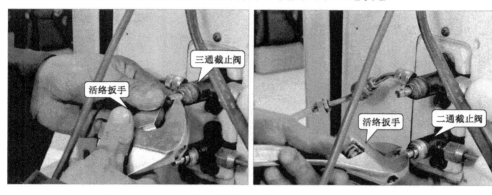

图 4-30 打开变频空调器的三通截止阀和二通截止阀

【图解演示】

如图 4-31 所示，打开三通压力表阀的阀门，使其处于三通状态。接通真空泵电源，打开真空泵电源开关，开始抽真空。

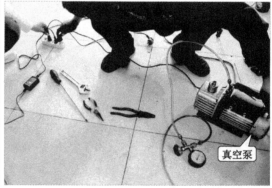

图 4-31 打开三通压力表阀和真空泵

【提示】

值得注意的是，在抽真空操作中，开启真空泵电源前，应确保空调器整个管路系统是一个封闭的回路；二通截止阀、三通截止阀的控制阀门应打开；三通压力表阀也处于三通状态。

【图解演示】

如图 4-32 所示，在抽真空操作过程中，应观察三通压力表阀上的压力。在正常情况下，随着时间的增长，当抽真空运行约 20min 或三通压力表阀上的压力表显示数值为-0.1MPa 时，即达到空调器抽真空的要求。若管路中的压力一直无法抽至-0.1MPa，则说明管路中存在泄漏点，应进行检漏和修复。

图 4-32　对空调器内部管路进行抽真空操作

　　如图 4-33 所示，抽真空完毕后，首先关闭三通压力表阀上的阀门，然后关闭真空泵的电源。值得注意的是关闭真空泵电源前，应先关闭三通压力表阀，否则可能会导致管路系统进入空气。

图 4-33　按正确顺序关闭三通压力表阀和真空泵

【提示】

　　在抽真空操作结束后，可以保持三通压力表阀与工艺管口的连接状态，使空调器静止放置一段时间（2～5h），然后观察三通压力表上的压力指示，若压力发生变化，则说明管路中存在轻微泄漏，应对管路进行检漏操作并处理；若压力未发生变化，则说明管路系统无泄漏，此时便可进行充注制冷剂的操作了。

【资料链接】

　　电冰箱抽真空的方法与空调器抽真空的方法基本相同，也是待电冰箱抽真空各设备连接完成后，需要根据操作规范按要求的顺序打开各设备开关或阀门，然后开始对电冰箱管路系统进行抽真空。图 4-34 所示为电冰箱抽真空的基本操作顺序和方法。通常可将电冰箱抽真空的过程分为 4 个步骤：第 1 步，打开三通压力表阀的阀门使其处于三通状态；第 2步，按下真空泵电源开关，启动真空泵工作；第 3 步，真空泵抽走电冰箱管路系统中的空气，由其排气口排出；第 4 步，达到抽真空压力要求后（大约抽 30～40min 或压力表显示 −0.1MPa 即可），先关闭三通压力表阀，再关闭真空泵电源。

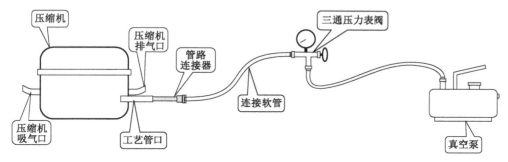

图 4-34 电冰箱抽真空的基本操作顺序和方法

技能训练 4.2.2 充注制冷剂的操作训练

充注制冷剂是制冷设备制冷管路检修中重要的维修技能。制冷设备管路检修完毕后，都需要充注制冷剂。

对制冷设备管路进行充注制冷剂操作训练前，应首先根据要求将相关的充注制冷剂设备与待测制冷设备进行连接，这里我们仍继续以空调器为例开始，执行充注制冷剂的操作训练。

充注制冷剂的量和类型一定要符合制冷设备的标称量，充入的量过多或过少都会对制冷设备的制冷效果产生影响。因此，在充注制冷剂前，可首先根据制冷设备上的铭牌标识或压缩机上的标识，了解制冷剂的类型和标称量。图 4-35 所示为通过制冷设备的铭牌识别制冷剂的类型和标称量。

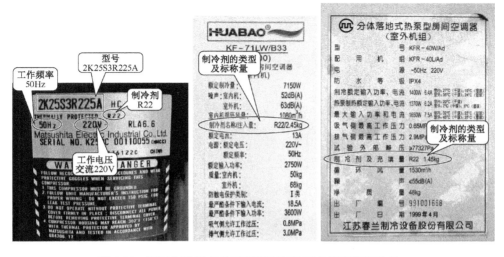

图 4-35 通过制冷设备的铭牌识别制冷剂的类型和标称量

【资料链接】

空调器所采用的制冷剂主要有 R22、R407C 以及 R410A 三种。不同类型的制冷剂化学成分不同，性能也不相同，检修或充注制冷剂的过程也存在细微差别。表 4-1 所列为 R22、R407C 以及 R410A 制冷剂性能的对比。

表 4-1　制冷剂性能的对比

制冷剂	R22	R407C	R410A
制冷剂类型	旧制冷剂（HCFC）	新制冷剂（HFC）	
成分	R22	R32/R125/R134a	R32/R125
使用制冷剂	单一制冷剂	疑似共沸混合制冷剂	非共沸混合制冷剂
氟	有	无	无
沸点（℃）	−40.8	−43.6	−51.4
蒸汽压力（25℃）{MPa}	0.94	0.9177	1.557
臭氧破坏系数（ODP）	0.055	0	0
制冷剂填充方式	气体	以液态从钢瓶取出	以液态从钢瓶取出
冷媒泄漏是否可以追加填充	可以	不可以	可以

下面以空调器 R410A 制冷剂充注为例，在充注制冷剂操作前，应首先根据要求将相关的充注制冷剂设备进行连接，然后按照充注制冷剂的基本步骤操作，最后将压缩机工艺管口进行封口，完成制冷剂充注。

1．充注制冷剂设备的连接

充注制冷剂设备主要是指盛放制冷剂的钢瓶及相关的辅助设备，其作用就是向空调器管路系统中充注适量的制冷剂。因此，充注制冷剂设备的连接需要准备的设备有制冷剂钢瓶、连接软管、三通压力表阀等。

【图文讲解】

图 4-36 所示为空调器充注制冷剂设备连接关系示意图。充注制冷剂的训练是在连接好充注制冷剂设备后，将其与待修的空调器进行连接，通过空调器压缩机的工艺管口将制冷剂充入空调器的制冷管路中，待空调器"充"入制冷剂，完成充注制冷剂操作。

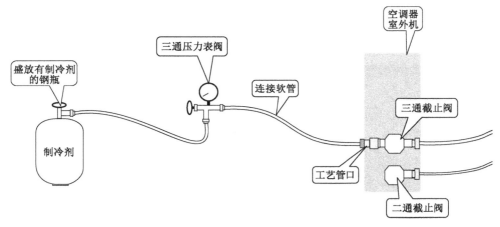

图 4-36　空调器充注制冷剂设备连接关系示意图

【提示】

充注制冷剂时，由于前面抽真空等操作步骤中，管路连接器、三通压力表阀等相关设备已经连接好，这里不需要再次连接，只需将三通压力表阀表头相对接口与制冷剂钢瓶进行连接即可。

【资料链接】

图 4-37 所示为电冰箱充注制冷剂设备连接关系示意图。电冰箱管路的充注制冷剂操作与抽真空操作相同，也是通过压缩机上的工艺管口进行的，需要准备的工具主要有盛放制冷剂的钢瓶、连接软管、三通压力表阀等。充注制冷剂的环境与抽真空环境相似，只需将真空泵换成制冷剂钢瓶即可。

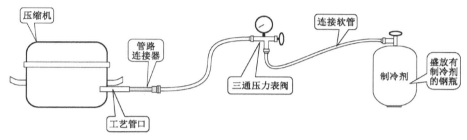

图 4-37　电冰箱充注制冷剂设备连接关系示意图

【图解演示】

如图 4-38 所示，在抽真空环节保持空调器三通截止阀工艺管口与三通压力表阀的连接，无须重复连接。只需将制冷剂钢瓶上的阀口与另一根连接软管的一端连接。

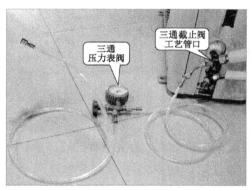

图 4-38　连接制冷剂钢瓶

2. 充注制冷剂的操作方法

充注制冷剂各设备连接完成后，需要根据操作规范按要求的顺序打开各设备开关或阀门，然后开始对空调器管路系统充注制冷剂。

【图文讲解】

图 4-39 所示为充注制冷剂的基本操作顺序示意图。通常可将充注制冷剂的过程分为 4 个步骤：第 1 步，将接有制冷剂钢瓶的连接软管与三通压力表阀表头相对的接口处虚拧；第 2 步，将制冷剂钢瓶替代真空泵接入系统，即通过连接软管将三通压力表阀相对的接口与制冷剂钢瓶相连；第 3 步，打开三通压力表阀开始充注制冷剂；第 4 步，充注完成后，依次关闭三通压力表阀、制冷剂钢瓶，并将制冷剂钢瓶连同连接软管与三通压力表阀分离。

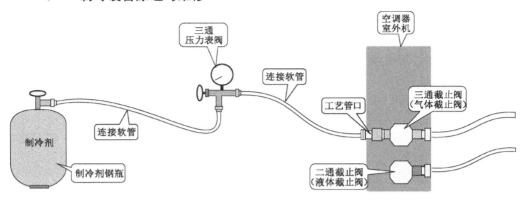

图 4-39　充注制冷剂的基本操作顺序示意图

了解了充注制冷剂的基本操作顺序后，接下来将连接软管内的空气从虚拧处排出。

【图解演示】

如图 4-40 所示，将三通压力表阀表头相对的接口处虚拧。打开制冷剂钢瓶阀门，制冷剂将连接软管中的空气从虚拧处排出。

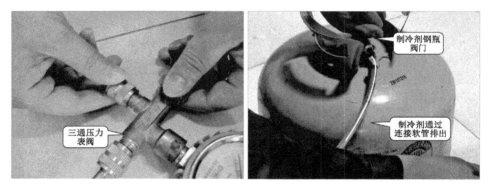

图 4-40　排出连接软管内的空气

【图解演示】

如图 4-41 所示，当连接软管虚拧处有轻微制冷剂流出时，表明空气已经排净。将虚拧的连接软管拧紧，打开三通压力表阀，使其处于三通状态，开始充注制冷剂。

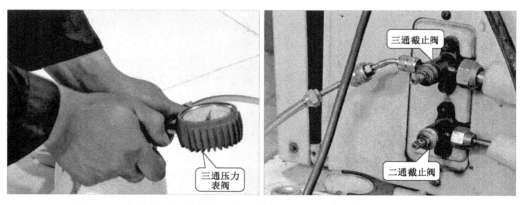

图 4-41　将虚拧的连接软管拧紧，并打开三通压力表阀准备充注制冷剂

【提示】

值得注意的是，空调器应开机，在制冷模式下运行。空调器室外机上的三通截止阀和二通截止阀应保持通的状态。

【图解演示】

如图 4-42 所示，开始充注制冷剂。充注制冷剂操作一般分多次完成，即开始充注制冷剂约 10s 后，关闭压力表阀、制冷剂钢瓶，开机运转几分钟后，开始第二次充注。充注第二次时，同样充注 10s 左右后，停止充注，运转几分钟后，再开始第三次充注。

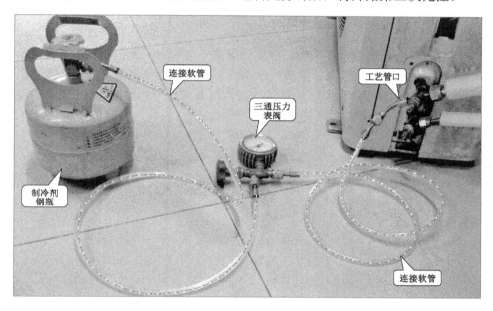

图 4-42　开始充注制冷剂

【图解演示】

制冷剂充注完成后，如图 4-43 所示，依次关闭三通压力表阀、制冷剂钢瓶，并将制冷剂钢瓶连同连接软管与三通压力表阀分离。

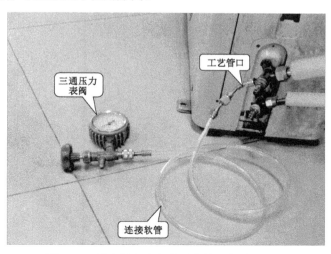

图 4-43　制冷剂充注完成后并按要求关闭阀门

【提示】

根据检修经验，空调器在制冷和制热模式下，制冷剂缺少和制冷剂充注过量的一些基本表现归纳如下。

制冷模式下：

● 空调器室外机二通截止阀结露或结霜，三通截止阀是温的，蒸发器凉热分布不均匀，一半凉、一半温，室外机吹风不热，多表明空调器缺少制冷剂。

● 空调器室外机二通截止阀常温，三通截止阀较凉，室外机吹风温度明显较热，室内机出风温度较高，制冷系统压力较高等，多为制冷剂充注过量。

制热模式下：

● 空调器蒸发器表面温度不均匀，冷凝器结霜不均匀，三通截止阀温度高，而二通截止阀接近常温（正常温度应较高，重要判断部位）；室内机出风温度较低（正常出风口温度应高于入风口温度 15℃以上），系统运行压力较低（正常制热模式下运行压力为 2MPa 左右）等，多表明空调器缺少制冷剂。

● 若空调器室外机二通截止阀常温，三通截止阀温度明显较高（烫手）；室内机出风口为温风；系统运行压力较高，多为制冷剂充注过量。

项目五
电冰箱主要部件的检测与代换技能

任务模块 5.1　电冰箱化霜定时器的检测与代换

在学习化霜定时器的检测与代换之前，首先要了解化霜定时器的结构和功能特点。对于初学者而言，能够根据化霜定时器的结构特点在电冰箱中准确地找到化霜定时器，并了解化霜定时器的结构特点及工作过程，这是搞定化霜定时器检测的第一步。

新知讲解 5.1.1　电冰箱化霜定时器的结构和功能特点

在机械式电冰箱中化霜定时器是冰箱进行化霜工作的主要部件，一般安装在电冰箱的冷藏室内，通过它可对化霜时间进行设定。

【图文讲解】

图 5-1 所示为化霜定时器的功能示意图，从图中可以看出化霜定时器主要由定时装置（化霜定时器主体）、调节旋钮、接线端等构成。

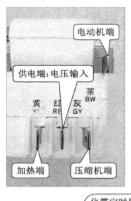
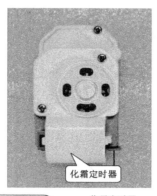
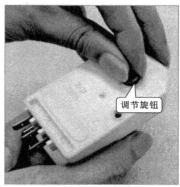

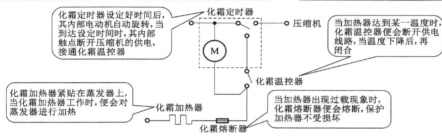

图 5-1　化霜定时器的功能示意图

用户通过调节旋钮对化霜时间进行设定，化霜定时器内部的电动机通电开始工作，带动齿轮组旋转，当到达设定时间时，其内部触点断开压缩机供电，接通化霜加热器的供电，对蒸发器进行加热，溶化冰霜。待化霜完成后，化霜定时器便会断开加热器供电，接通压缩机供电。

【提示】

电冰箱常见的化霜方式有三种，即人工化霜、半自动化霜和自动化霜。人工化霜是通过化霜开关手动控制化霜工作的开始和结束；半自动化霜是通过带有化霜功能的温度控制器手动控制化霜工作的开始，化霜完成可自动开始制冷；自动化霜是通过化霜定时器（时间不可调）每隔一段时间自动控制化霜工作的开始和结束。

技能训练 5.1.2 电冰箱化霜定时器的检测与代换训练

化霜定时器出现故障后，电冰箱便不能自动进行化霜操作。若怀疑化霜定时器损坏，首先我们需要将化霜定时器从电冰箱箱室内拆下，然后便可对其进行检测，一旦发现故障，就需要寻找可替代的部件进行代换。

1. 化霜定时器的检测

由于化霜定时器安装在护盖内，在检测之前，首先需要将化霜定时器从电冰箱中取下。
（1）对化霜定时器进行拆卸

对化霜定时器进行拆卸时，先对护盖进行拆卸，拆下护盖后，再对化霜定时器进行拆卸。

【图解演示】

如图 5-2 所示，化霜定时器安装在冷藏室中，位于护盖的后面，靠近温度控制器。首先使用螺丝刀将护盖上的固定螺钉拧下，然后取下温度控制器旋钮，最后将护盖从电冰箱中取下。

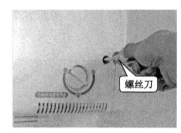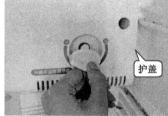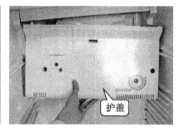

图 5-2 护盖的拆卸方法

【图解演示】

如图 5-3 所示，首先将护盖翻过来后，可看到固定在护盖上的化霜定时器。然后将化霜定时器上的连接插件拔下。连接插件全部拔下后，即可将护盖与电冰箱分离。最后使用螺丝刀将固定化霜定时器的螺钉拧下并取下化霜定时器。

图 5-3 化霜定时器的拆卸方法

（2）对化霜定时器进行检测

拆下化霜定时器后，对其进行检测。使用万用表对其触点的阻值进行检测，即可判断化霜定时器是否出现。

【图解演示】

如图 5-4 所示，将化霜定时器旋钮调至化霜位置，这时供电端和加热端内部触点接通，供电端和压缩机端触点断开。将万用表的表笔分别搭在供电端和压缩机端两引脚上，万用表显示屏显示的阻值为无穷大。将万用表的表笔分别搭在供电端和加热端两引脚上，万用表显示屏显示的阻值为零欧姆。

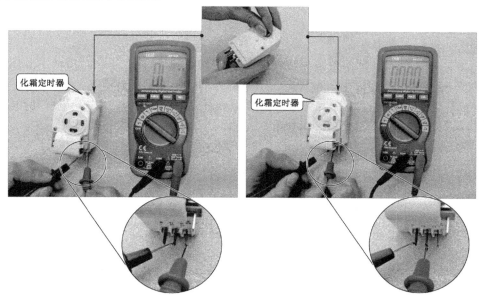

图 5-4 化霜定时器的检测方法

正常情况下，测得化霜定时器供电端和压缩机端的阻值为无穷大；测得化霜定时器供电端和加热端的阻值为零。若阻值不正常，说明该部件已损坏。

2. 化霜定时器的代换

若化霜定时器损坏，就需要根据损坏化霜定时器的型号、体积大小选择适合的器件进行代换。

【图解演示】

如图 5-5 所示，首先将新的化霜定时器安装在原位置上，并将化霜定时器与连接插件连接好。然后将护盖安装回电冰箱箱壁上，并使用固定螺钉将代换的化霜定时器固定好。

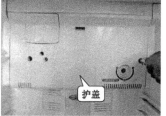

图 5-5 化霜定时器的代换方法

任务模块 5.2　电冰箱保护继电器的检测与代换

在学习保护继电器的检测与代换之前，首先要认识保护继电器。对于初学者而言，能够根据保护继电器的结构特点在电冰箱中准确地找到保护继电器，并了解保护继电器的结构特点及工作过程，这是搞定保护继电器检测的第一步。

新知讲解 5.2.1　电冰箱保护继电器的结构和功能特点

电冰箱中使用的保护器就是过热保护继电器。过热保护继电器的作用是保护压缩机不致于因电流过大或者温度过高而烧毁，起过流保护和过热保护的双重功能。

【图文讲解】

图 5-6 所示为过热保护继电器的功能示意图。过热保护继电器与压缩机的公共端相连，当压缩机外壳温度过高或者电流过大时，继电器内的蝶形双金属片受热后反向弯曲变形，使触点断开，压缩机停机降温，对压缩机起到了保护的作用。过热保护继电器动作后，随着压缩机温度逐渐下降，双金属片又恢复到原来的形态，触点再次接通。

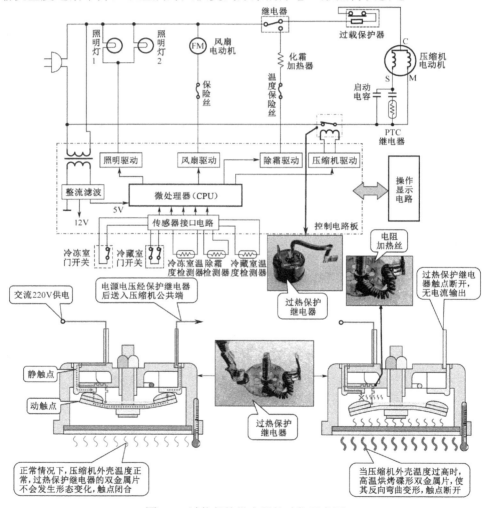

图 5-6　过热保护继电器的功能示意图

技能训练 5.2.2　电冰箱保护继电器的检测与代换训练

保护继电器是电冰箱压缩机组件中不可缺少的电气部件，若保护继电器损坏，将无法对压缩机的异常情况进行监测和保护，可能会造成压缩机因过热烧毁或压缩机频繁启停的故障。

因此，当怀疑过热保护继电器损坏时，可首先对过热保护继电器进行检测，一旦发现故障，就需要寻找可替代的新过热保护继电器进行代换。

1. 过热保护继电器的检测

由于过热保护继电器安装在压缩机侧端的保护盒内，两个引脚分别与压缩机的公共端和供电线路连接。在检测之前，首先需要将过热保护继电器从电冰箱中取下。

（1）对过热保护继电器进行拆卸

【图解演示】

如图 5-7 所示，首先取下金属卡扣，然后取下保护罩，最后拔下过热保护继电器与压缩机的连接插件。

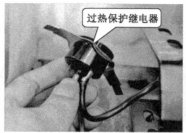

图 5-7　过热保护继电器的拆卸方法

通电试机，故障排除。

（2）对过热保护继电器进行检测

过热保护继电器损坏的原因多是触点接触不良、触点粘连、电阻丝烧断或常温下双金属触点变形不能复位等引起的，若要判断过热保护继电器是否有故障，需用过热对保护继电器进行检测。可分别在室内温度下和人为对过热保护继电器感温面升温条件下，借助万用表对过热保护继电器两引线端子间的阻值进行检测。

【图解演示】

如图 5-8 所示，将万用表的挡位调整至欧姆挡，将万用表的红黑表笔分别搭在过热保护继电器的两引脚上。常温状态下，万用表测得的阻值应接近于零。将电烙铁靠近过热保护继电器的底部，万用表的红黑表笔不动。高温情况下，万用表测得的阻值应为无穷大。

室温状态下，保护继电器金属片触点处于接通状态，用万用表检测接线端子的阻值应接近于零，正常；若测得阻值过大，甚至到无穷大，则说明该过热保护继电器内部损坏。

高温状态下，保护继电器金属片变形断开，用万用表检测接线端子的阻值应为无穷大，正常；若测得阻值为零，则说明保护继电器已损坏，应更换。

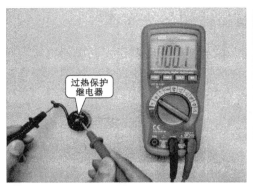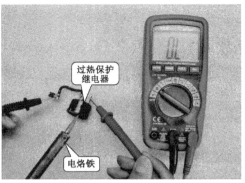

图 5-8　过热保护继电器的检测方法

2. 过热保护继电器的代换

若经过检测确定因过热保护继电器本身损坏引起的电冰箱故障，则需要对损坏的过热保护继电器进行更换。更换时就需要根据损坏的过热保护继电器的大小选择适合的器件进行代换。

【图解演示】

如图 5-9 所示，首先寻找规格参数相近、外形相似的过热保护继电器。然后将金属片套在新的过热保护继电器上并连接好插件。

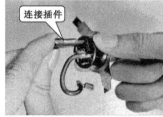

图 5-9　过热保护继电器的选择方法

【提示】

过热保护继电器属于易损元器件，由于它的价格低，所以损坏后只需选购同规格的过热保护继电器进行更换即可，切忌不能用保险丝或金属短接替代，否则将失去保护功能。

接下来将新的过热保护继电器安装到压缩机上，然后通电试机。

【图解演示】

如图 5-10 所示，首先将过热保护继电器安装回原位置。然后将过热保护继电器上的插件与压缩机公共端相连。最后盖上继电器的保护壳，并安装好金属卡扣。

图 5-10　过热保护继电器的代换方法

通电开机发现压缩机能够正常启动和运行，故障排除。

任务模块 5.3 电冰箱温度控制器的检测与代换

在学习温度控制器的检测与代换之前，首先要认识温度控制器。对于初学者而言，能够根据温度控制器的结构特点在电冰箱中准确地找到温度控制器，并了解温度控制器的结构特点及工作过程，这是搞定温度控制器检测的第一步。

新知讲解 5.3.1 电冰箱温度控制器的结构和功能特点

温度控制器是用来对电冰箱箱室内的制冷温度进行调节控制的器件。它根据箱内温度控制给压缩机的供电，温度高于设定值接通给压缩机的供电，温度低于设定值则切断给压缩机的供电。一般它安装在电冰箱的冷藏室内。

【图文讲解】

图 5-11 所示为温度控制器的实物外形。从图中可以看出温度控制器主要由调节装置（温度控制器主体）、调节旋钮、温度传感器（感温管和感温头）等构成。

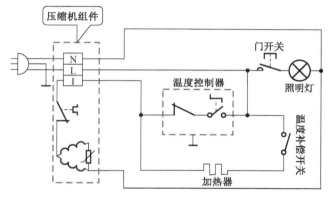
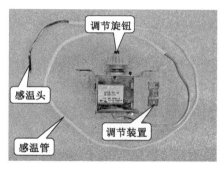

图 5-11 温度控制器的功能示意图

温度控制器主要由调节装置（温度控制器主体）、温度传感器（感温管和感温头）构成。温度控制器的调节装置用来设定电冰箱内的制冷温度。感温头是温度控制器的温度检测部件，它通过感温管与温度控制器相连。

【提示】

用户通过调节旋钮设定好制冷温度后，内部触点闭合，压缩机开始工作使电冰箱制冷。温度控制器通过感温头时刻感知箱体内的温度，当箱体内达到设定温度时，感温管内的感温剂使温度控制器内部机械部件动作，触点断开，压缩机便停止工作。

技能训练 5.3.2 电冰箱温度控制器的检测与代换训练

温度控制器出现故障后，电冰箱可能会出现不制冷、制冷异常等现象。若怀疑温度控制装置出现问题，首先我们需要将温度控制装置从电冰箱箱室内拆下，然后便可对其进行检测，一旦发现故障，就需要寻找可替代的部件进行代换。

1．温度控制器的检测

温度控制器安装在电冰箱箱室内的控制盒中，检测之前我们需要将温度控制器取下，取下后便可对其进行检测。

（1）将温度控制器取下

由于温度控制器安装在控制盒内，因此要先对控制盒进行拆卸。拆下控制盒后，再对温度控制器进行拆卸。

【图解演示】

如图 5-12 所示，首先使用螺丝刀将控制盒上的几颗固定螺钉拧下，然后使用螺丝刀将感温头的固定螺钉拧下，待固定螺钉拧下后即可取下控制盒。

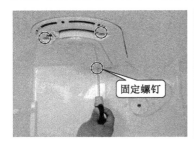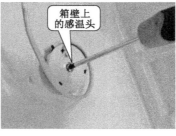

图 5-12　拆下控制盒

【图解演示】

如图 5-13 所示，首先拔下温度控制器与其他部件的连接线缆，并将控制盒与电冰箱分离，然后使用螺丝刀将温度控制器的两颗固定螺钉拧下，最后取下温度控制器。

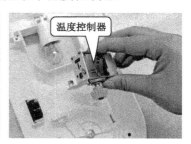

图 5-13　拆下温度控制器

（2）对温度控制器进行检测

拆下温度控制器后，对温度控制器进行检测，先对感温头、感温管进行检查。

【图解演示】

如图 5-14 所示，首先检查感温头是否有泄漏点；然后检查感温管是否有泄漏点，管路是否有弯折、挤压的情况。

经检查感温头和感温管均正常，接着再使用万用表对温度控制器不同状态下的阻值进行检测，即可判断温度控制器是否出现故障。

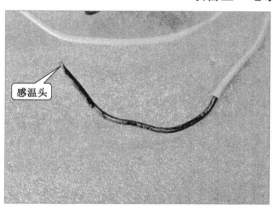
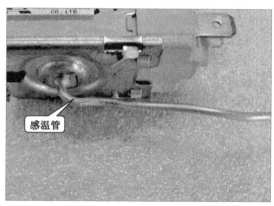

图 5-14　检查感温头和感温管

【图解演示】

如图 5-15 所示，首先将温度控制器调至制冷模式（除停机挡的任意位置）。然后将万用表的表笔分别搭在温度控制器的两引脚上，观察万用表的显示屏，正常情况下测得的阻值应为零。

将温度控制器调至停机挡的位置，保持万用表的两只表笔不动，观察万用表的显示屏，正常情况下测得的阻值应为无穷大。

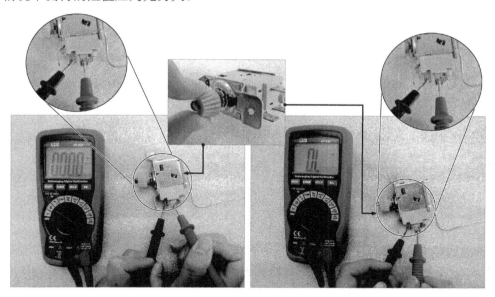

图 5-15　温度控制器的检测方法

正常情况下，将温度控制器调至制冷模式（除停机挡的任意位置），测得的阻值应为零；若阻值不正常，说明温度控制器已损坏。

正常情况下，将温度控制器调至停机挡的位置，测得的阻值应为无穷大；若阻值不正常，说明温度控制器已损坏。

2. 温度控制器的代换

若温度控制器损坏就需要根据损坏温度控制器的类型、型号、大小等规格参数选择适合的器件进行代换。

【图解演示】

温度控制器的选择方法如图 5-16 所示。损坏的温度控制器，属于定温复位型温度控制器，型号为 WDF24K。选用的温度控制器也属于定温复位型温度控制器，型号为 WDF24K，大小基本相同。损坏的温度控制器采用齿轮传动的方式来调节旋钮，并使用螺钉进行固定。对新温度控制器进行安装时，要根据需要对温度控制器的传动方式和固定方式进行改造。

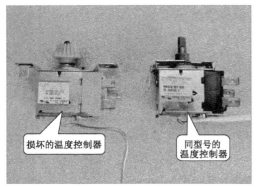

图 5-16　温度控制器的选择方法

将新温度控制器安装到护盖内，由于固定方式与原部件不同，需要使用线缆进行调整。

【图解演示】

如图 5-17 所示，使用一字螺丝刀撬下原温度控制器上的齿轮，将齿轮内部凹槽与新温度控制器的旋杆对齐，为新温度控制器安装齿轮。

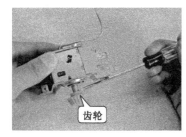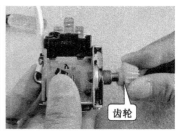

图 5-17　更换温度控制器齿轮

【图解演示】

如图 5-18 所示，首先使用结实的线缆将温度控制器固定到控制盒内。然后用手将线缆绑紧。最后将两侧的线缆绑紧，保证温度控制器不松动，注意齿轮要压紧齿轮盘。

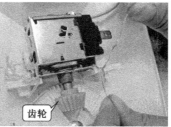

图 5-18　固定代换的温度控制器

【图解演示】

如图 5-19 所示，首先将线缆与相关部件的引脚进行连接。然后拧紧控制盒的固定螺钉。开机试运行，电冰箱制冷正常，故障排除。

图 5-19　温度控制器的代换方法

任务模块 5.4　电冰箱门开关的检测与代换

在学习门开关的检测与代换之前，首先要认识门开关。对于初学者而言，能够根据门开关的结构特点在电冰箱中准确地找到门开关，并了解门开关的结构特点及工作过程，这是搞定门开关检测的第一步。

新知讲解 5.4.1　电冰箱门开关的结构和功能特点

门开关是用来对照明灯和风扇进行控制的部件，它利用箱门内侧与门开关按压部分接触的方式，来对内部触点的通/断进行控制。

【图文讲解】

图 5-20 所示为门开关的结构和功能示意图。

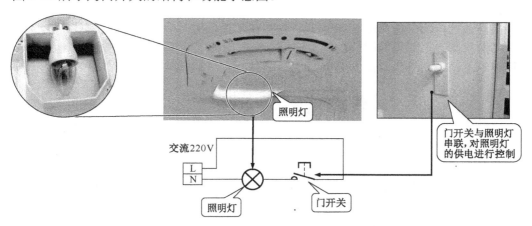

图 5-20　门开关的结构和功能示意图

门开关安装在冷藏室靠近箱门的箱壁上，当打开冷藏室箱门后，门开关按压部分弹起，接通照明灯的供电；当关闭冷藏室箱门后，门开关按压部分受力压紧，断开照明灯的供电。

技能训练 5.4.2 电冰箱门开关的检测与代换训练

门开关出现故障后，会导致照明灯不亮、制冷异常等现象。若怀疑门开关损坏，首先我们需要将门开关从电冰箱箱室内拆下，然后便可对其进行检测，一旦发现故障，就需要寻找可替代的部件进行代换。

1. 门开关的检测

由于门开关通过卡扣固定在箱壁上，并通过线缆串联在照明灯的供电线路中，在检测之前，首先需要将门开关从电冰箱中取下。

（1）对门开关进行拆卸

【图解演示】

如图 5-21 所示，门开关安装在冷藏室的箱壁上，首先使用一字螺丝刀将门开关从箱壁上撬下。然后将门开关与连接线缆，一起拽出箱壁。最后将连接线缆从门开关上拔下，便可将门开关取下。

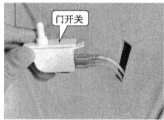

图 5-21 门开关的拆卸方法

（2）对门开关进行检测

拆下门开关后，对其进行检测，使用万用表对门开关的阻值进行检测，即可判断照明灯是否出现故障。

【图解演示】

门开关的检测方法如图 5-22 所示。首先在未按压情况下，将万用表的表笔分别搭在门开关的两引脚上，测得的阻值为零。然后在按压情况下（模拟箱门关闭），保持万用表的红黑表笔不动，测得的阻值为无穷大。

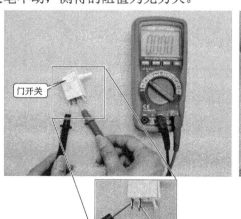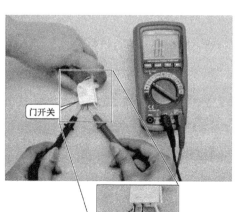

图 5-22 门开关的检测方法

正常情况下，未按压情况下，测得的阻值为零；按压情况下（模拟箱门关闭），测得的阻值为无穷大。若测得的阻值不正常，则说明门开关已损坏。

2. 门开关的代换

若门开关损坏，就需要根据损坏门开关的体积、大小选择适合的器件进行代换，如图 5-23 所示。

【图解演示】

如图 5-23 所示，寻找到规格参数、外形尺寸相同的门开关后。首先将线缆与门开关的引脚相连接，并将线缆重新放入冷藏室箱壁中。然后将代换后的门开关安装回原位置。最后压紧门开关，使其与箱壁固定牢固。

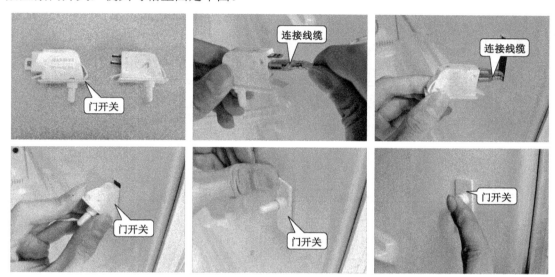

图 5-23　门开关的代换方法

通电开机，打开箱门照明灯点亮，风扇停转；按压门开关，照明灯熄灭，风扇旋转，故障排除。

任务模块 5.5　电冰箱压缩机的检测与代换

在学习压缩机的检测与代换之前，首先要认识压缩机。对于初学者而言，能够根据压缩机的结构特点在电冰箱中准确地找到压缩机，并了解压缩机的结构特点及工作过程，这是搞定压缩机检测的第一步。

新知讲解 5.5.1　电冰箱压缩机的结构和功能特点

压缩机一般安装在电冰箱背面的最底部，是电冰箱关键的制冷部件，作为制冷系统的动力源，制冷剂在压缩机的直接作用下实现循环。

【图文讲解】

图 5-24 所示为压缩机的功能示意图。

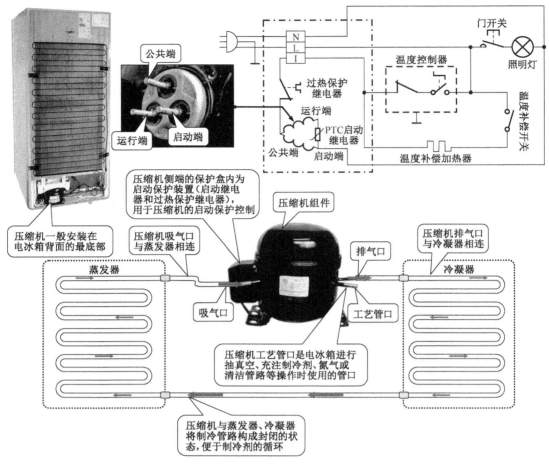

图 5-24　压缩机的功能示意图

　　通常压缩机的电动机都安装在密封壳内部，在压缩机的侧面会有电动机绕组的接线柱，分别为启动端、运行端和公共端，用于连接启动保护装置，控制压缩机的启动以及对压缩机进行过热保护。

　　交流 220V 电压首先经过启动继电器后，送到压缩机中为驱动电动机供电，由启动继电器控制压缩机启动，压缩机开始工作后，将高温、高压饱和的制冷剂气体排出，送入冷凝器，经冷凝器散热降温后，再送入蒸发器中，低温的制冷剂通过蒸发器吸收电冰箱内空气和食物的热量，对食物进行保鲜和冷冻，然后制冷剂再由蒸发器送回到压缩机吸气口，再次进行压缩，实现制冷循环。

技能训练 5.5.2　电冰箱压缩机的检测与代换训练

　　压缩机是电冰箱制冷系统的主要部件，若压缩机出现问题，将使制冷管路中的制冷剂不能正常循环运行，造成电冰箱不能制冷、制冷异常、运行时有噪声等。因此当怀疑压缩机损坏时，需逐步对压缩机进行检测，一旦发现故障，就需要寻找可替代的新压缩机进行代换。

1. 压缩机的检测

若压缩机不能启动工作，则需使用万用表对压缩机电动机绕组的阻值进行检测，来判断压缩机电动机是否出现故障。将万用表的红黑表笔任意搭在压缩机的绕阻接线柱上，分别检测公共端与启动端、公共端与运行端、启动端与运行端之间的阻值。

【图解演示】

压缩机绕组的检测方法如图 5-25 所示。

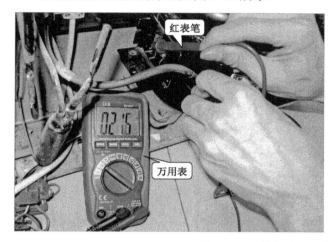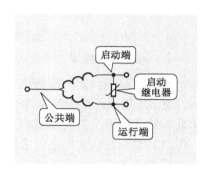

图 5-25　压缩机绕组的检测方法

观察万用表显示的数值，正常情况下，任意两引线端均有一定阻值，且满足其中两组阻值之和等于另外一组阻值（启动端与运行端之间的阻值等于公共端与启动端之间的阻值加上公共端与运行端之间的阻值）。

若检测时发现某两个引线端的阻值趋于无穷大，则说明绕组中有断路情况；若三组数值间不满足等式关系，则说明电动机绕组可能存在绕组间短路情况。出现上述两种情况均应更换压缩机。

【提示】

值得注意的是变频压缩机与普通压缩机不同，使用万用表检测时，变频压缩机三组绕组间的阻值为一定值，且三组绕组阻值相同，若三组绕组阻值不同或某一阻值过大或过小，说明该变频压缩机的电动机已损坏。

【资料链接】

电冰箱压缩机电动机绕组的连接方式较为简单，通常有 3 个线路输出端，其中一条引线为普通公共端，另外两条分别为运行绕组端和启动绕组引线端，如图 5-26 所示。根据其接线关系不难理解其引线端两两间阻值的关系应为压缩机电动机运行绕组与启动绕组之间的电阻值 = 运行绕组与公共端间的电阻值 + 启动绕组与公共端间的电阻值。

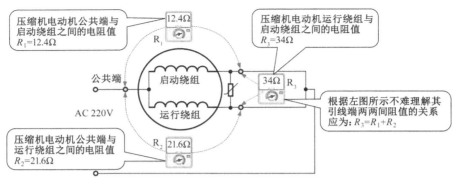

压缩机电动机公共端与启动绕组之间的电阻值 $R_1=12.4\Omega$

压缩机电动机运行绕组与启动绕组之间的电阻值 $R_3=34\Omega$

R_1 12.4Ω

公共端

启动绕组

34Ω R_3

AC 220V

运行绕组

根据左图所示不难理解其引线端两两间阻值的关系应为：$R_3=R_1+R_2$

压缩机电动机公共端与运行绕组之间的电阻值 $R_2=21.6\Omega$

R_2 21.6Ω

图 5-26　电冰箱压缩机电动机绕组的连接方式

2．压缩机的代换

若经过检测确定为压缩机本身损坏引起的电冰箱故障，则需要对损坏的压缩机进行更换。通常压缩机位于电冰箱的底部，不仅外侧空间狭小且与电冰箱主要管路部件连接密切，因此，拆卸压缩机首先要将相连的管路断开，然后再设法将压缩机取出。

（1）对压缩机管路进行拆焊

压缩机的排气口与吸气口分别与冷凝器和蒸发器的管口焊接在一起，拆卸压缩机时首先要对压缩机管路进行拆焊。

【图解演示】

如图 5-27 所示。首先点燃焊枪后，对压缩机排气口的连接位置进行加热。待加热一段时间后，用钳子将排气口与冷凝器管路分离。然后使用焊枪对压缩机吸气口的连接位置进行加热。待加热一段时间后，用钳子将吸气口与蒸发器管路分离。

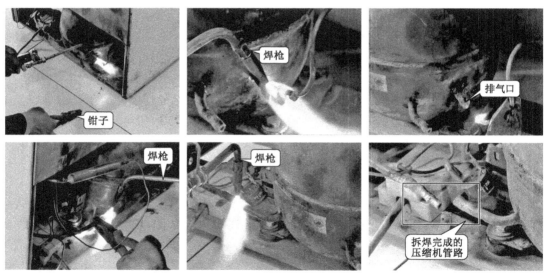

图 5-27　压缩机管路的拆焊方法

（2）对压缩机进行拆卸

压缩机下方通过螺栓固定在电冰箱的底板上。因此焊开管路后，再拆下压缩机底部螺栓。使之与电冰箱底板完全分离后，即可取出损坏的压缩机。

【图解演示】

如图 5-28 所示，首先使用扳手将压缩机底部与电冰箱底板固定的四个螺栓分别拧下，然后将损坏的压缩机从电冰箱底部取出。

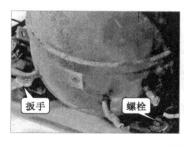

图 5-28　压缩机底部螺栓的拆卸方法

（3）寻找可替代的压缩机

压缩机是电冰箱最重要的器件，更换压缩机前应先掌握损坏压缩机的相关参数，然后根据该参数选择性能良好的压缩机进行更换。

【图解演示】

如图 5-29 所示，找到与故障电冰箱压缩机型号、规格和制冷剂型号等参数相同的压缩机。

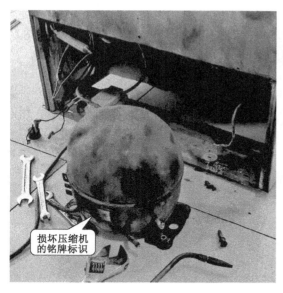

图 5-29　压缩机的选择方法

（4）代换压缩机

拆下故障压缩机后，再用匹配的、性能良好的压缩机进行更换。将准备好的代换用的压缩机放置在原压缩机的安装位置处，使用螺栓将其固定在电冰箱底板上。

【图解演示】

如图 5-30 所示，首先将准备好代换的压缩机放置在压缩机的安装位置处，并调整压缩机位置。调整后使压缩机底座固定孔对准电冰箱底板上的固定孔。然后使用扳手将螺栓拧入压缩机与电冰箱底板的固定孔中，固定压缩机。

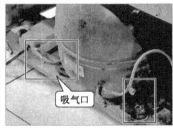

图 5-30　新压缩机固定到电冰箱底部的方法

（5）压缩机管路的焊接

压缩机固定完成后，接下来应将压缩机各管口与相应管路进行连接。这里，我们首先连接压缩机吸气口与蒸发器出气口。

【图解演示】

如图 5-31 所示，首先使用切管器将蒸发器与压缩机焊接处管路的不规整部分切除掉。接着将加工完成的蒸发器排气口管路插入压缩机的吸气口内。插入待焊接的蒸发器与压缩机排气口的焊接处。点燃焊枪后，使用钳子夹住蒸发器排气口管路，焊枪发出的火焰对准蒸发器与压缩机吸气口的焊接处。当焊接处铜管被加热至暗红色时，将焊条放置到焊口处，使熔化的焊条均匀地包围在焊接口处。

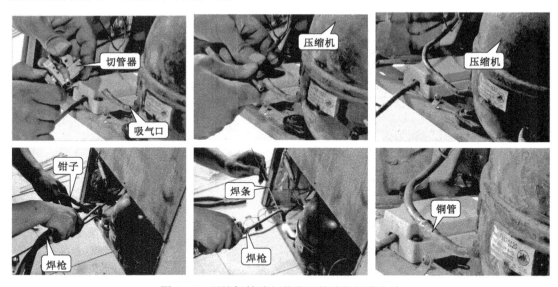

图 5-31　压缩机管路与蒸发器管路的焊接方法

【提示】

值得注意的是，在进行压缩机管口与管路的焊接过程中，由于大部分压缩机的吸气口、排气口的管径较粗，蒸发器或冷凝器的管路可以直接插入到压缩机的吸气口、排气口中，而不需要再进行扩口操作。

接着焊接压缩机的排气口与冷凝器进气口，先将冷凝器进气口进行切管加工后，使用气焊设备将其与压缩机排气口进行焊接，然后进行通电试机。

【图解演示】

如图 5-32 所示，首先使用切管器将冷凝器管路与压缩机焊接处的不规整部分切除掉。接着使用钳子将加工完成的冷凝器进气口管路插入压缩机的排气口中。然后点燃焊枪，将焊枪发出的火焰对准冷凝器管路与压缩机排气口的焊接处进行加热。当焊接处铜管被加热至暗红色时，再将焊条放置到焊口处，熔化的焊条均匀地包围在焊接口处。最后将压缩机的启动保护装置装回压缩机上，开机试运行，电冰箱工作正常，故障排除。

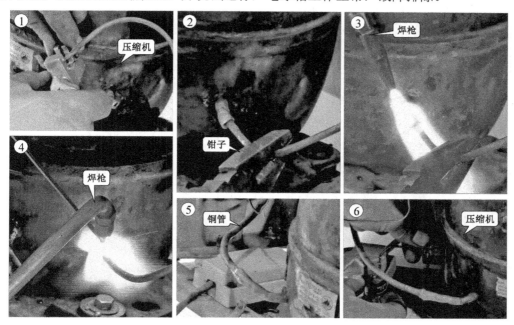

图 5-32　压缩机管路与冷凝器管路的焊接方法

任务模块 5.6　电冰箱蒸发器和冷凝器的检测与代换

电冰箱中的冷凝器和蒸发器是电冰箱的热交换组件，它们是电冰箱制冷系统中重要的组成部分。制冷剂主要通过冷凝器和蒸发器件与外界进行热能的交换从而实现制冷。

在学习蒸发器和冷凝器的检测与代换之前，首先要认识蒸发器和冷凝器。对于初学者而言，能够根据蒸发器和冷凝器的结构特点在电冰箱中准确地找到蒸发器和冷凝器，并了解蒸发器和冷凝器的结构特点及工作过程，这是搞定蒸发器和冷凝器检测与代换的第一步。

【图文讲解】

图 5-33 所示为蒸发器和冷凝器的功能示意图。通常，冷凝器在电冰箱制冷管路中是实现散热的部件，其外形成 U 形，通常安装在电冰箱背部。而蒸发器在电冰箱制冷管路中将蒸发器内的制冷剂从外界（箱内的空气和食物）吸收热量进行汽化，这样就使得电冰箱内的温度下降，达到了制冷的效果。其外形由铜管或铝管制成 U 形，通常用锡焊或粘接的方式安装在电冰箱内部成形的铝板或钢丝网上。

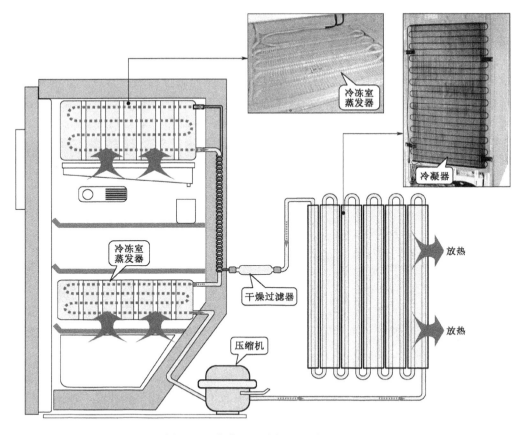

图 5-33　蒸发器和冷凝器的功能示意图

● 冷凝器又叫散热器。它的进气口管路与压缩机排气口相连，经压缩机处理的高温高压的制冷剂气体从进气口进入冷凝器，冷凝器的出气口管路与干燥过滤器相连，将经过冷凝器冷却处理变成液态的制冷剂，经过干燥过滤器过滤、毛细管节流降压后送入蒸发器中。就其作用简单来说，就是将经压缩机处理后的高温高压制冷剂气体，经过热交换，向周围的空气中散热，冷却液化成液态，以实现热交换。

● 蒸发器与冷凝器的作用正好相反，蒸发器又可称为吸热器。它的进气口与毛细管连接，经处理后低温低压的制冷剂经毛细管送入蒸发器中，蒸发器通过吸收箱室内的热量，使内部制冷剂汽化，同时使箱室内的温度降低，达到制冷的目的，首先通过冷冻室蒸发器，对冷冻室制冷后，再流入到冷藏室蒸发器中，对冷藏室进行制冷。

新知讲解 5.6.1　电冰箱蒸发器的检测与代换训练

蒸发器是电冰箱制冷系统的主要部件，若蒸发器出现问题，将会导致电冰箱管路堵塞或泄漏等。因此当怀疑蒸发器出现故障时，需逐步对蒸发器进行检查，一旦发现故障，就需要寻找可替代的新蒸发器进行代换。

1．蒸发器的检测

蒸发器最常见的故障是堵塞或泄漏，为了确定蒸发器是否出现故障，可通过对制冷管路的各连接部分进行检测来判断。判断电冰箱蒸发器是否出现故障，可使用肥皂水检测蒸发器是否有泄漏来判断。

【图解演示】

图 5-34 所示为蒸发器的检测。

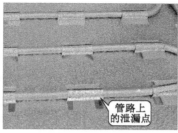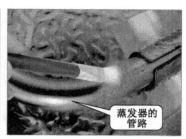

图 5-34　蒸发器的检测

对于电冰箱堵塞的检测，可将电冰箱启动，待压缩机运行一段时间后，观察蒸发器，若蒸发器结霜不均匀，则说明蒸发器存在堵塞的情况。

对于蒸发器泄漏的检测，首先可以查看蒸发器盘管是否有白色腐蚀点或孔洞。若制冷盘管上有白色的腐蚀点，则表明可能存在泄漏。

对于蒸发器泄漏的检测还应检测蒸发器管路的接口部位，由于蒸发器制冷管路的材料与吸气管的材料不同，两种不同材料的管路焊接在一起，可能会因氧化腐蚀而泄漏。

对怀疑泄漏的地方可以采用洗洁精水检漏法，即将调成泡沫状的洗洁精水涂在被怀疑的地方。若有气泡冒出，表明该处泄漏；若无气泡，表明该处密封良好。

【资料链接】

● 导致电冰箱中蒸发器泄漏的原因主要如下：

（1）制造蒸发器的材料质量存在缺陷。例如，局部有微小的金属残渣，在使用时受到制冷剂压力和液体的冲刷，容易出现微小的泄漏；或者制作蒸发器盘管的材料本身就有砂眼；

（2）电冰箱长期被含有碱性成分的物品侵蚀而造成泄漏；

（3）由于除霜不当或被异物碰撞而造成蒸发器的泄漏。例如，蒸发器长时间不除霜，其表面霜层结得很厚，这时使用锋利的金属物进行铲霜操作，极易扎破蒸发器表面。

● 导致蒸发器堵塞的原因有以下几点：

（1）电冰箱内霜层太厚，食物与蒸发器冻在一起，这时若强行将食物取出，容易造成蒸发器制冷盘管变形而使制冷剂无法正常顺畅的流通，从而造成堵塞；

（2）冷冻机油残留在蒸发器盘管内。

2．蒸发器的代换

若经上述检测发现蒸发器有泄漏或堵塞严重无法修复时，则需要对其蒸发器进行更换，以保证电冰箱的正常运行。

蒸发器固定在冷冻室中，蒸发器分别与毛细管和干燥过滤器相连，拆卸代换时通常可分为 3 步：第 1 步是寻找可替代的蒸发器；第 2 步是要对蒸发器进行拆卸；第 3 步是对蒸发器进行代换。

（1）寻找可替代的蒸发器

更换时需要根据损坏蒸发器的管路直径、大小选择适合的器件进行代换。

【图解演示】

蒸发器和毛细管的选择方法如图 5-35 所示。

图 5-35　蒸发器和毛细管的选择方法

（2）对蒸发器进行拆卸

蒸发器安装于冷冻室中，固定在支架上。先将蒸发器的固定支架拆开，再将蒸发器与毛细管分离。

【图解演示】

如图 5-36 所示，首先将电冰箱冷冻室箱门打开，然后从冷冻室中将蒸发器取出。值得注意的是取出时不要用力过猛，因为此时，蒸发器管路还与冷藏室的管路相连。最后使用切管器将蒸发器出气口连接的管路割开。切开管路后才可将蒸发器完全取下。

图 5-36　切开冷藏室和冷冻室蒸发器连接管路

【图解演示】

如图 5-37 所示，首先将蒸发器进气口连接的毛细管从箱体中抽出，以便蒸发器能够与箱体分离。然后使用钳子将蒸发器进气口与毛细管连接处剪断。接着取出损坏的蒸发器，拆卸完成。

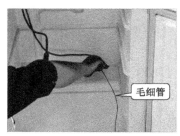

图 5-37　剪断蒸发器和毛细管之间的连接

（3）对蒸发器进行代换

拆下损坏的蒸发器后，便可对蒸发器进行代换了。代换之前首先需要将冷冻室新蒸发器的管口进行加工，然后对管路进行连接。

【图解演示】

如图 5-38 所示，首先将新蒸发器的进气口通过钠子与原接有毛细管的铜管连接，然后将钠子套在新蒸发器出气口上。并使用扩管器对新蒸发器管口（出气口）进行扩喇叭口操作，以便通过钠子与蒸发器进行连接。

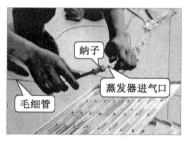  

图 5-38　蒸发器管路的加工方法

蒸发器的管路加工完成后，再将蒸发器安装回原来的位置。

【图解演示】

如图 5-39 所示，首先将冷冻室新蒸发器安装到原位置上。然后将新蒸发器出气口钠子与冷藏室的蒸发器管路进行连接。待冷冻室新蒸发器两个端口均连接完成后，适当调整其在箱体中的位置，至此冷冻室蒸发器代换完成。

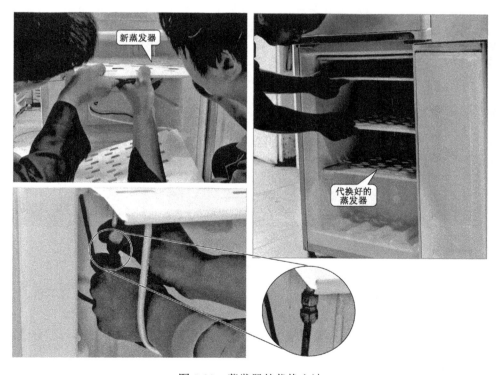

图 5-39　蒸发器的代换方法

技能训练 5.6.2　电冰箱冷凝器的检测与代换训练

冷凝器的故障主要表现为泄漏或阻塞。通常，冷凝器的管口焊接处是最容易出现泄漏问题的部位，若怀疑冷凝器泄露时，应重点对焊接处进行检测。

1. 冷凝器的检测方法

当怀疑冷凝器出现堵塞故障时，可通过检测冷凝器的温度、观察冷凝器的管口焊接处是否有泄漏等方法进行判断。

【图解演示】

如图 5-40 所示，首先检测冷凝器出气口与干燥过滤器的入口连接处是否有泄漏的现象，检测时用刷子将洗洁精水涂抹在冷凝器出气口与干燥过滤器的入口焊接处。然后检测冷凝器进气口与压缩机排气口连接处是否有泄漏的现象，检测时用刷子将洗洁精水涂抹在冷凝器进气口与压缩机排气口焊接处。若有气泡产生，说明焊接处有泄漏故障。

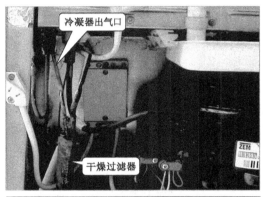
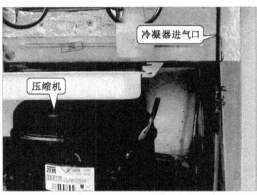
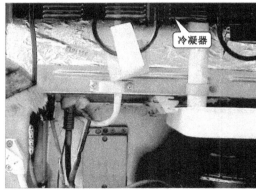
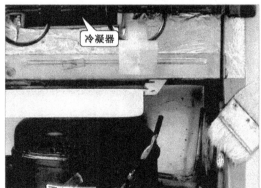

图 5-40　冷凝器的检测方法

【资料链接】

冷凝器是电冰箱最主要的散热部件，若冷凝器损坏，将导致电冰箱散热不良、不制冷或制冷不正常的故障。在电冰箱使用过程中，导致冷凝器故障的原因主要如下：

（1）电冰箱位置放置不当，如离墙面过近，周围环境温度过高等情况，都会使冷凝器的传热性能受到影响；

（2）长时间不清洁冷凝器，使得冷凝器上外壁沾满了厚厚的灰尘或污垢，电冰箱的制冷性能也会受到很大的影响。

【提示】

如果是内藏式冷凝器泄漏或堵塞故障时，很难进行检测或代换。通常会采用的方法是将原内藏式冷凝器废弃，在该电冰箱背部另外安装一个新的外露式冷凝器。接下来，我们就学习一下冷凝器的代换。

2．冷凝器的代换方法

若经上述检测发现冷凝器赌塞严重，无法将其内部污物清除干净，则需要对其冷凝器进行更换，以保证电冰箱的正常运行。

目前，新型电冰箱多采用内置式冷凝器，由冰箱两侧散热，这使得冰箱不仅在外观上变得美观，而且冷凝器也不至于长期暴露在空气中受到腐蚀。然而这种内置式冷凝器的电冰箱一旦冷凝器发生堵塞或泄漏会给维修带来极大的困难。

【图文讲解】

图 5-41 所示为电冰箱的内置式冷凝器。由于冷凝器安装在电冰箱背部箱体内，维修人员需要将电冰箱背面的箱体全部打开，才能实施维修或更换。这样会大大增加维修成本。因此在维修中，最有效，最快捷，且最经济的维修方法是在电冰箱背部加装一个外置式冷凝器，将原来电冰箱自带的内置式冷凝器弃之不用。

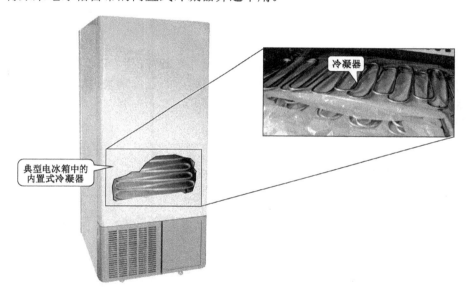

图 5-41　电冰箱的内置式冷凝器

【图文讲解】

替代内置式冷凝器的具体方案如图 5-42 所示。首先根据电冰箱背部的面积大小选用适合的外置式冷凝器。然后将冷凝器的进气管路与压缩机的排气管相连；冷凝器的出气管路与干燥过滤器相连。

【提示】

选择替代的冷凝器一定要考虑尺寸与当前电冰箱匹配。若选用的冷凝器尺寸偏小，所引起的故障表现类似制冷剂充注量过多，这时，若减少制冷剂则会使蒸发器不能结霜，引起其他故障。因此，更换冷凝器时尽量选用适合的尺寸。

图 5-42　替代内置式冷凝器的具体方案

（1）安装固定外置式冷凝器

将外置式冷凝器放置到电冰箱的背部，对齐管路后，固定好冷凝器，并将冷凝器两端管口的橡胶套取下。

【图解演示】

如图 5-43 所示，首先将外置式冷凝器放置到电冰箱背部，对齐下方的管路，保持水平。然后使用螺钉旋钮对冷凝器进行固定，固定冷凝器时，一人拧紧固定螺钉，另一人用手扶住冷凝器。通常外置式冷凝器需要四颗螺钉进行固定，左右各有两个固定点。最后使用钳子将冷凝器两个管口处的橡胶套取下。

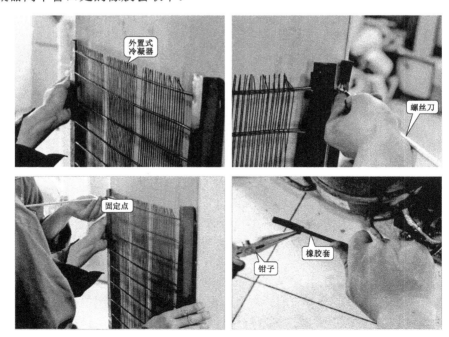

图 5-43　安装固定外置式冷凝器

（2）焊接冷凝器的管路

接下来使用气焊设备，先将压缩机与内置式冷凝器的连接管路焊开，再将外置式冷凝器与压缩机的排气口进行连接。

【图解演示】

如图 5-44 所示，首先用钳子夹住内置式冷凝器的管路，将焊枪对准压缩机与冷凝器管路的焊接部位进行加热。加热一段时间后，用力拉拽冷凝器的管路，即可将管路分离。

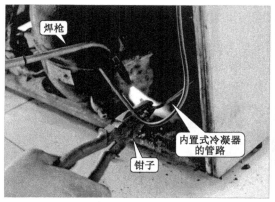

图 5-44　焊下内置式冷凝器的管路

【图解演示】

如图 5-45 所示，接下来，用钳子夹住外置式冷凝器的管路，将管路与压缩机排气口对齐，再用焊枪对准连接部位进行加热。加热一段时间后，将焊条靠近焊接部位进行焊接。

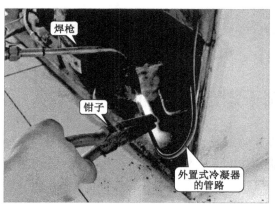

图 5-45　焊接外置式冷凝器的管路

（3）焊接冷凝器另一端管路

对外置式冷凝器的另一端管路进行焊接。由于对管路进行维修，因此也需要对干燥过滤器进行代换。

【图解演示】

如图 5-46 所示，首先将干燥过滤器拆封后，迅速将较粗的一端与冷凝器管路相连。然后用加热后的焊条蘸取少量的助焊剂。注意助焊剂可减少氧化物的产生，提高焊接质量。最后使用焊枪和焊条对干燥过滤器与冷凝器的连接部位进行焊接，注意焊接时间不要过长。

 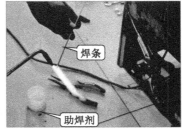 

图 5-46　焊接冷凝器另一端和干燥过滤器

如图 5-47 所示，首先将与原干燥过滤器连接的毛细管切割开。然后将毛细管插入到新干燥过滤器中，注意插入深度为 1cm 左右。最后使用焊枪和焊条对连接部位进行焊接，注意焊接时间不要过长。焊接完成后，检查焊接部位是否良好。

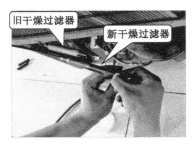 

图 5-47　焊接冷凝器另一端的管路

任务模块 5.7　电冰箱毛细管和干燥过滤器的检测与代换

在学习毛细管和干燥过滤器的检测与代换之前，首先要认识毛细管和干燥过滤器。对于初学者而言，能够根据毛细管和干燥过滤器的结构特点在电冰箱中准确地找到毛细管和干燥过滤器，并了解毛细管和干燥过滤器的结构特点及工作过程，这是搞定毛细管和干燥过滤器检测的第一步。

新知讲解 5.7.1　电冰箱毛细管和干燥过滤器的结构和功能特点

【图文讲解】

图 5-48 所示为毛细管和干燥过滤器的功能示意图。通常，毛细管在电冰箱制冷管路中是实现节流、降压的部件，其外形是一段又细又长的铜管，通常安装于蒸发器与电磁阀之间。干燥过滤器是电冰箱制冷管路中的过滤器件，主要用于吸附和过滤制冷管路中的水分和杂质，以防止毛细管出现脏堵或冰堵的故障，同时也减小杂质对制冷管路的腐蚀。干燥过滤器的外形是一个类似于圆柱型的铜管，通常安装于压缩机的附近，接在冷凝器与电磁

阀之间。

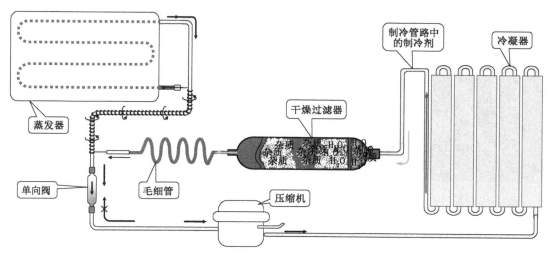

图 5-48　毛细管和干燥过滤器的功能示意图

● 当冷凝器中的制冷剂流入到干燥过滤器的入口端时，首先通过入口端过滤网（粗金属网）将制冷剂中的杂质粗略滤除；然后通过干燥剂吸附制冷剂中附带的水分，再通过出口端过滤网（细过滤网）将制冷剂中的杂质滤除；最后通过干燥过滤器出口流入到毛细管中。

● 由于于毛细管的外形十分细长，因此当液态制冷剂流入毛细管时，会增强制冷剂在制冷管路中流动的阻力，从而起到降低制冷剂的压力、限制制冷剂流量的作用。当电冰箱停止运转后，毛细管可均衡制冷管路中的压力，使高压管路和低压管路趋于平衡状态，便于下次启动。

技能训练 5.7.2　电冰箱毛细管和干燥过滤器的检测与代换训练

1. 毛细管和干燥过滤器的检测方法

毛细管和干燥过滤器的堵塞可分为脏堵或冰堵两种情况，当毛细管和干燥过滤器发生堵塞时，也会造成电冰箱制冷异常或不制冷故障。下面我们分别对毛细管和干燥过滤器进行检测。

（1）毛细管的检测方法

【图解演示】

如图 5-49 所示，当毛细管出现脏堵时，用手触摸干燥过滤器与毛细管接口处，会感到温度与室温差不多或略低于室温；若将毛细管与干燥过滤器连接处断开，会有大量制冷剂从干燥过滤器中喷出。

【提示】

当毛细管出现冰堵时，电冰箱蒸发器会出现反复化霜、结霜的现象，该现象一般是发生在压缩机工作后的一段时间内，通常是由于充注制冷剂或对压缩机添加冷冻油时，制冷剂或冷冻油中带有水分造成的。

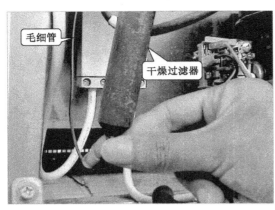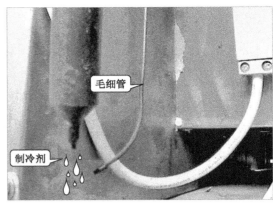

图 5-49　毛细管脏堵的检测方法

（2）干燥过滤器的检测方法

【图解演示】

当怀疑干燥过滤器出现堵塞故障时，可通过检查冷凝器的温度、倾听蒸发器和压缩机的运行声音、观察干燥过滤器的结霜等方法进行判断，如图 5-50 所示。

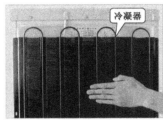

图 5-50　干燥过滤器故障的检测方法

压缩机运转后，用手触摸冷凝器，正常情况下冷凝器温度由进气口到出气口处逐渐递增。若发现冷凝器温度逐渐变凉，说明干燥过滤器有故障。

检查干燥过滤器，若干燥过滤器表面有结霜情况，说明干燥过滤器有冰堵故障。

倾听蒸发器和压缩机运行时的声音，若只能听见压缩机发出的沉闷噪音，说明干燥过滤器有脏堵故障。

2．毛细管和干燥过滤器的代换方法

若经上述检测发现毛细管和干燥过滤器堵塞严重，无法将其内部污物清除干净，则需要对其毛细管和干燥过滤器进行更换，以保证电冰箱的正常运行。

（1）毛细管和干燥过滤器的拆卸

毛细管和干燥过滤器安装在蒸发器和冷凝器之间，对毛细管和干燥过滤器进行更换时，我们应先将毛细管和蒸发器连接的管路接口焊开，然后将干燥过滤器和冷凝器连接的管路接口焊开，拆下堵塞的毛细管和干燥过滤器。

【图解演示】

如图 5-51 所示，首先使用气焊设备将干燥过滤器与冷凝器的焊接处焊开。然后打开箱门，将与毛细管相连的蒸发器从冷冻室中取出，注意不要用力，因为蒸发器管路还与冷藏室的管路相连。最后使用钳子将毛细管与蒸发器连接处剪断，此时即可将分离的毛细管和干燥过滤器从箱体后部抽出。

图 5-51　拆下堵塞的毛细管和干燥过滤器

【提示】

在对损坏的干燥过滤器拆卸后，要对冷凝器和毛细管的管口进行切割处理，确保连接管口平整光滑，方可再安装焊接新的干燥过滤器，否则极易造成管路堵塞。

另外，在拆装过程之中，尽量使用钳子辅助拿取、拆卸，避免用手直接接触出现烫伤事故。

（2）毛细管和干燥过滤器的代换

拆下堵塞的毛细管和干燥过滤器后，接下来需要代换新的毛细管和干燥过滤器。更换毛细管和干燥过滤器时，选择与原毛细管和干燥过滤器类型、大小、尺寸相同的毛细管和干燥过滤器，按原毛细管和干燥过滤器的安装方式装回电冰箱中。

代换时可分为 3 个步骤：步骤 1，首先将新的毛细管与蒸发器进行连接，并穿入到电冰箱箱体内；步骤 2，将新的干燥过滤器焊接在冷凝器上；步骤 3，干燥过滤器的另一端与毛细管的另一端连接。

【图解演示】

如图 5-52 所示，首先将新的毛细管穿入蒸发器管路连接的铜管中，并使用钳子捏扁蒸发器管路连接铜管的一侧，然后用气焊设备对毛细管与铜管的连接处进行焊接。焊接好后将连接好的毛细管从电冰箱冷冻室背部穿出。

图 5-52　连接新毛细管与蒸发器

【提示】

目前大多电冰箱的蒸发器采用铝质材质，而毛细管多为铜管，若直接进行铜铝焊接，焊接难度较大，因此往往先用一根短铜管通过钠子与蒸发器管路进行连接后，再与毛细管焊接。

【图解演示】

如图 5-53 所示，首先拆开新的干燥过滤器的包装，将干燥过滤器的入口端与冷凝器出气口管路对插。然后点燃焊枪，将焊枪发出的火焰对准干燥过滤器与冷凝器出气口管路的焊接处。当焊接处被加热至暗红色时，最后将焊条放置到焊口处。熔化的焊条均匀地包围在焊接口处，完成干燥过滤器与冷凝器出气口管路的焊接。

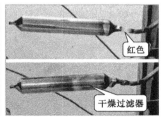

图 5-53　连接新干燥过滤器与冷凝器

【提示】

由于干燥过滤器内部干燥剂的吸收特性，在使用之前不要过早拆开新的干燥过滤器的包装，以免空气中的水分侵入干燥过滤器，通常干燥过滤器在代换时才可拆开密封包装。

【提示】

代换干燥过滤器是电冰箱维修中最普遍的维修操作，通常只要对制冷管路进行维修后（管路任意部分被切开过），都需要更换干燥过滤器。而且，为确保干燥过滤器的性能良好，对其进行更换的过程要尽可能短。

【图解演示】

如图 5-54 所示，首先将毛细管插入到干燥过滤器的出口端。插入时不要触碰到干燥过滤器的过滤网，一般插入深度为 1cm 左右。然后将插入的毛细管与干燥过滤器进行焊接。当焊接处被加热至暗红色时，将焊条放置到焊口处。熔化的焊料均匀地包围在焊接口处，完成干燥过滤器与毛细管的焊接。

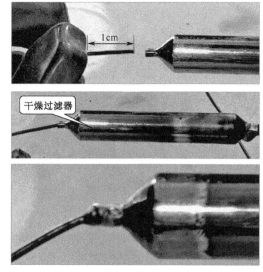

图 5-54　连接新干燥过滤器与毛细管

项目六

▶▶▶ **电冰箱电路系统的检修技能**

任务模块 6.1　电冰箱电源电路的检修技能

对于初学者而言，在学习电冰箱电源电路的检修技能之前，首先要对电冰箱电源电路进行电路分析，能够在分析的过程中知晓单元电路（主要电器部件）的工作原理，并能够根据信号流程对电源电路进行检修。

新知讲解 6.1.1　电冰箱电源电路的分析

电源电路是电冰箱的能源供给电路，主要是为电冰箱各单元电路部分和各部件提供所需工作电压。

【图文讲解】

图 6-1 所示为典型电冰箱中电源电路的流程框图。

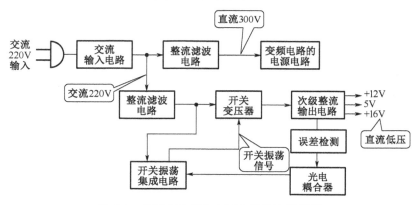

图 6-1　典型电冰箱中电源电路的流程框图

从图中可以看出，电冰箱接通电源后，交流 220V 输入电压经交流输入电路滤除干扰杂波后，分为两路。其中一路由整流滤波电路输出约 300V 的直流电压，送往变频电路中的电源电路，为其供电。另一路再经整流滤波电路后，为开关变压器和开关振荡集成电路供电。

开关振荡集成电路工作后产生振荡信号，并驱动开关变压器工作，开关变压器次级输出脉冲电压，经次级整流输出电路后变为直流+12V、+5V、+16V 等电压为其他单元电路供电。输出端的直流电压经误差检测、光电耦合器进行电压反馈送入开关振荡集成电路中，当输出的电压异常时，反馈到开关振荡集成电路中的电压也会相应地变化，开关振荡集成电路便会根据反馈电压，对开关振荡信号的幅度进行调整，进而使开关电源输出电压稳定在所要求的范围内。

【相关链接】

图 6-2 所示为三星 BCD-226 型电冰箱的电源电路的实物图，从图中可以看出，电源电路主要是由熔断器（FUSE1、FUSE）、热敏电阻器（NTC901）、过压保护器（VR1）、互感滤波器（L01）、桥式整流电路（D910、D911、D912、D913）、滤波电容器（C901）、开关振荡集成电路（IC901）、开关变压器（T901）、光电耦合器（PC901、PC01）、三端稳压器（IC104）等元器件组成的。

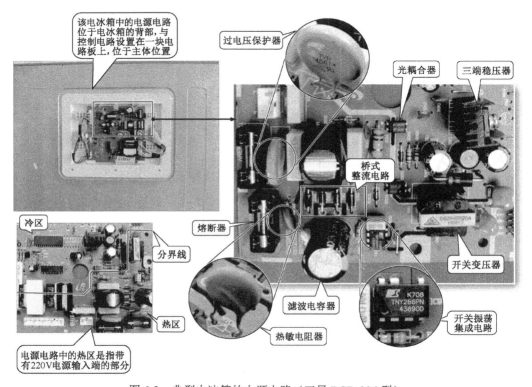

图 6-2　典型电冰箱的电源电路（三星 BCD-226 型）

仔细观察电冰箱的主电路板，就不难发现，电冰箱的电源电路中有明显的分界线，这就是冷区和热区的分界线（一般以开关变压器初级绕组和次级绕组作为分界点，即开关变压器初级绕组及之前的电路部分均为热区部分，开关变压器次级绕组及后级电路部分均为冷区部分）。分界线中带有 220V 输入接口的部分属于热区，对该部分的元器件进行检测时，要在该区域内寻找接地点，此外还要注意安全。

为了进一步掌握电冰箱电源电路的分析，下面我们以典型电冰箱电源电路为例，详细学习一下电冰箱电源电路的分析。

【图文讲解】

图 6-3 所示为三星 BCD-226 型电冰箱的电源电路。由图可知，结合电源电路的结构，我们将该电源电路划分为 3 个部分，即交流输入电路部分、开关电源电路部分、过零检测

电路（产生电源同步脉冲的电路）部分。然后从交流输入电路部分开始，顺信号流程逐级分析。

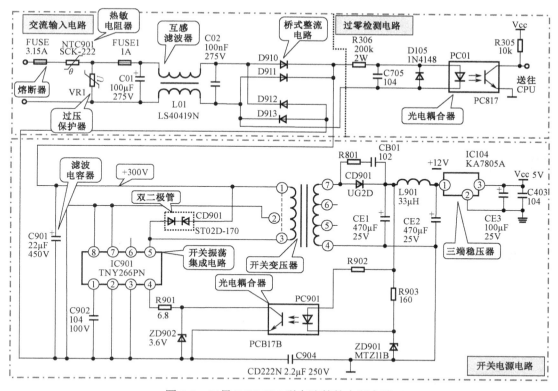

图 6-3　三星 BCD-226 型电冰箱的电源电路

（1）交流输入部分

交流输入部分主要是由熔断器 FUSE、过压保护器 VR1、热敏电阻器 NTC901、互感滤波器 L01 和桥式整流堆（D910～D913）等构成的。

交流 220V 电压经输入插件送入电冰箱的电源电路中，经熔断器 FUSE、热敏电阻器 NTC901、过压保护器 VR1 后，由滤波电容器 C01 滤波、互感滤波器 L01 滤除干扰脉冲后，送入后级的桥式整流电路（D910～D913）中，由桥式整流电路整流后输出约 300V 的直流电压为开关电源供电。

（2）开关电源电路部分

开关电源电路部分主要由滤波电容器 C901、双二极管 CD901、开关振荡集成电路 IC901（TNY266PN）、开关变压器 T901、次级整流滤波电路、光电耦合器 PC901 和三端稳压器 IC104 等构成。

由桥式整流堆输出的 +300V 直流电压，经滤波电容 C901、开关变压器（T901）初级绕组的①～③脚加到开关振荡集成电路（IC901）的⑤脚，⑤脚内接场效应管漏极，同时接集成电路内的稳压电路，为芯片供电，使其进入振荡工作状态。

开关振荡集成电路（IC901）与开关变压器初级绕组的①～③脚构成开关振荡电路。开关振荡集成电路⑤脚输出振荡信号，变压器（T901）初级绕组①～③脚作为开关管的漏极负载，在其中形成开关振荡电流从而驱动开关变压器工作。

开关变压器 T901 次级绕组的⑦脚输出开关脉冲电压，经次级电路中的二极管、滤波电容器后，输出 12V 直流电压。

12V 直流电压再次经三端稳压器、滤波电容器后输出+5V 电压。

（3）过零检测电路部分

过零检测电路部分主要是由整流二极管 D910、D105、电阻 R306、电容 C705 和光耦 PC01 等构成的。

交流 220V 电压经全波整流电路 D910 和 D105 形成 100 Hz 的脉动电压，加到光耦 PC01 的发光二极管上，经光电变换后由光电晶体输出 100 Hz 的脉冲信号，送给微处理器，作为电源同步信号。

技能训练 6.1.2 　电冰箱电源电路的检修训练

电源电路是电冰箱中的关键电路，若该电路出现故障经常会引起电冰箱开机不制冷、压缩机不工作、无显示等现象。对该电路进行检修时，可依据故障现象分析出产生故障的原因，并根据电源电路的信号流程对可能产生故障的部件逐一进行排查。

【图文讲解】

图 6-4 所示为电冰箱电源电路的检修流程和检修部位。

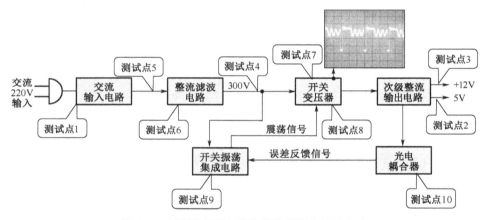

图 6-4　电冰箱电源电路的检修流程和检修部位

当电冰箱的电源电路出现故障后，应根据其电路结构和信号流程进行分析，再按照基本检修流程，对可能发生故障的元器件进行检修。

测试点 1：检测交流输入电路中的熔断器及热敏电阻器是否正常。

测试点 2：检测输出的各路低压直流电源是否正常。

测试点 3：若只有一路无低压直流电源输出，则需对次级整流电路中的整流二极管进行检测。

测试点 4：若没有任何低压直流电源输出，则应检测整流滤波电路输出的+300V 电压。

测试点 5：若无+300V 电压输出应对整流电路中的桥式整流堆进行检测。

测试点 6：若无+300V 电压输出应对滤波电路中的+300V 滤波电容进行检测。

测试点 7：检测开关变压器是否有感应脉冲信号波形。

测试点 8：若开关变压器无感应脉冲信号波形，则说明开关振荡电路或开关变压器本身可能损坏，需要对其进行更换。

测试点9：若开关变压器无感应脉冲信号波形，则说明开关振荡集成电路可能损坏，需要对其进行检测。

【提示】

当电源电路出现故障时，可首先采用观察法检查电源电路的主要元件有无明显损坏迹象，如观察熔断器有无断开、炸裂或烧焦的迹象；其他主要元器件有无脱焊或插接不良的现象，如互感滤波器线圈有无脱焊、引脚有无松动，+300V滤波电容有无爆裂、鼓包等现象。如出现上述情况则应立即更换损坏的元器件。

任务模块 6.2　电冰箱操作显示电路的检修技能

对于初学者而言，在学习电冰箱操作显示电路的检修技能之前，首先要对电冰箱操作显示电路进行电路分析，能够在分析的过程中知晓单元电路（主要电器部件）的工作原理，并能够根据信号流程对操作显示电路进行检修。

新知讲解 6.2.1　电冰箱操作显示电路的分析

电冰箱的操作显示电路是用于输入人工指令和显示电冰箱当前工作状态的部分，该电路通过操作按键输入人工指令，并通过数码显示屏显示当前的工作状态和内部温度信息。

【图文讲解】

图6-5所示为典型电冰箱中操作显示电路的流程框图。

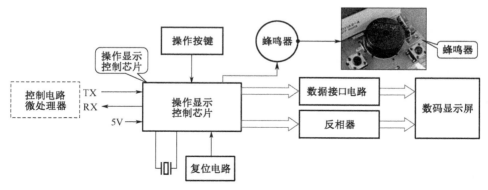

图6-5　典型电冰箱中操作显示电路的流程框图

从图中可以看出，用户通过操作电路上的按键可以给变频电冰箱输入人工指令，用以设置电冰箱的工作状态。操作显示控制芯片接收人工指令，经处理后变成串行数据信号送到控制电路中的微处理器中，由控制电路中的微处理器根据人工指令和内部程序，对压缩机、电磁阀、风扇等进行控制。

同时，操作显示控制芯片接收由控制电路送来的显示信息和提示信息，经处理后一路去驱动数据接口电路和反相器，从而驱动数码显示屏显示变频电冰箱的工作状态；另一路驱动蜂鸣器发出提示音。

【相关链接】

图 6-6 所示为三星 BCD-226 型电冰箱的操作显示电路的实物图，从图中可以看出，操作显示电路主要是由操作按键、蜂鸣器、显示屏、热敏电阻器、操作显示控制芯片、反相器以及数据接口电路等组成的。

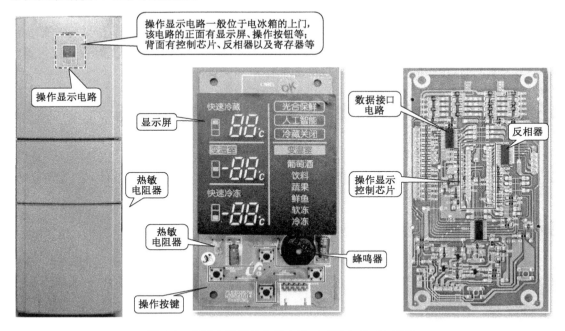

图 6-6　典型电冰箱的电源电路（三星 BCD-226 型）

为了进一步掌握电冰箱操作显示电路的分析，下面我们以典型电冰箱电源电路为例，详细学习一下电冰箱操作显示电路的分析。

【图文讲解】

图 6-7 所示为三星 BCD-226 型电冰箱的操作显示电路，由图可知，结合操作显示电路的结构，我们将该操作显示电路划分为 3 个部分，即操作显示控制芯片及相关电路部分、显示屏控制及人工指令输入电路部分、蜂鸣器控制电路部分。然后再顺信号流程逐级分析。

（1）操作显示控制芯片及相关电路部分

操作显示控制芯片进入工作状态需要具备一些工作条件,其中主要包括+5V 供电电压、复位信号和晶振信号。

其中，操作显示控制芯片的⑤脚为+5V 供电端，为其提供工作电压；操作显示控制芯片的⑧脚为复位信号端；晶体 XT101 与操作显示控制芯片内部的电路构成振荡电路，为其提供晶振信号。

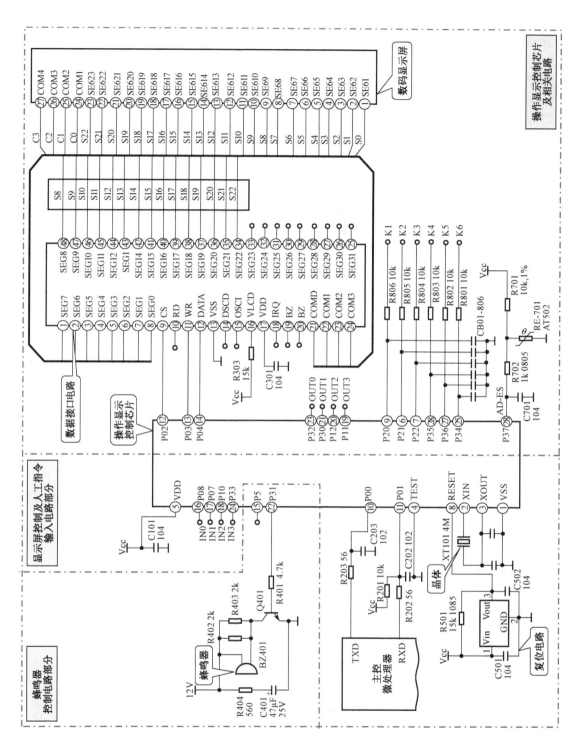

图 6-7　三星 BCD-226 型电冰箱的操作显示电路

制冷设备原理与维修

（2）显示屏控制及人工指令输入电路部分

数码显示屏分为多个显示单元，每个显示单元可以显示特定的字符或图形，因而需要多种驱动信号进行控制，数据接口电路就是将操作显示控制芯片输出的显示数据转换成多种控制信号。

数据接口电路的⑫脚主要是用来接收由操作显示控制芯片送来的串行数据信号（DATE），数据接口电路的⑪脚为写入控制信号（WR），数据接口电路的⑨脚为芯片选择和控制信号（CS）并由㉞脚~㊽脚输出并行数据，对数码显示屏进行控制。

（3）蜂鸣器控制电路部分

操作显示控制芯片接收到人工指令信号后，会通过专门的数据通道传送到控制微处理器中。此外操作显示控制芯片还对蜂鸣器进行控制、对环境温度进行检测。

操作显示控制芯片的⑩和⑪脚为通信接口与控制微处理器相连进行信息互通，TXD为发送端，输送人工指令信号；RXD为接收端，可接收显示信息、提示信息等内容。操作显示控制芯片的㉒脚输出控制信号，对蜂鸣器的发声进行控制；操作显示控制芯片的㉘脚用来对环境温度进行检测；操作显示控制芯片的⑥脚、⑦脚、⑨脚、㉕脚、㉗脚和㉘脚为操作按键的输入端，用于接收操作按键送来的人工指令。

技能训练 6.2.2 电冰箱操作显示电路的检修训练

操作显示电路是电冰箱中的人机交互部分，若该电路出现故障经常会引起控制失灵、显示异常等现象，对该电路进行检修时，可依据故障现象分析出产生故障的原因，并根据操作显示电路的信号流程对可能产生故障的部件逐一进行排查。

【图文讲解】

图 6-8 所示为电冰箱操作显示电路的检修流程和检修部位。

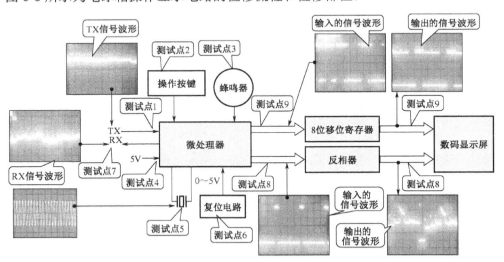

图 6-8 电冰箱电源电路的检修流程和检修部位

当电冰箱的操作显示电路出现故障后，应根据其电路结构和信号流程进行分析，再按照基本检修流程，对可能发生故障的元器件进行检修。

测试点 1：检测微处理器接收的 TX 信号是否正常。

测试点 2：检测操作按键自身的性能是否良好。

测试点 3：检测蜂鸣器自身的性能是否良好。

测试点 4：检测微处理器的 5V 供电电压是否正常。

测试点 5：检测晶振信号波形是否正常。

测试点 6：检测送入微处理器的复位信号是否正常。

测试点 7：检测微处理器输出的 RX 信号是否正常。

测试点 8：检测反相器输入、输出的信号波形是否正常。

测试点 9：检测 8 位移位寄存器输入、输出的信号波形是否正常。

任务模块 6.3　电冰箱控制电路的检修技能

对于初学者而言，在学习电冰箱控制电路的检修技能之前，首先要对电冰箱控制电路进行电路分析，能够在分析的过程中知晓单元电路（主要电器部件）的工作原理，并能够根据信号流程对控制电路进行检修。

新知讲解 6.3.1　电冰箱控制电路的分析

电冰箱的微处理器控制电路是智能电冰箱中特有的电路，该电路接收人工指令信号以及温度检测信号，输出相应的控制信号，对电冰箱进行控制。

【图文讲解】

图 6-9 所示为典型电冰箱中控制电路的流程框图。

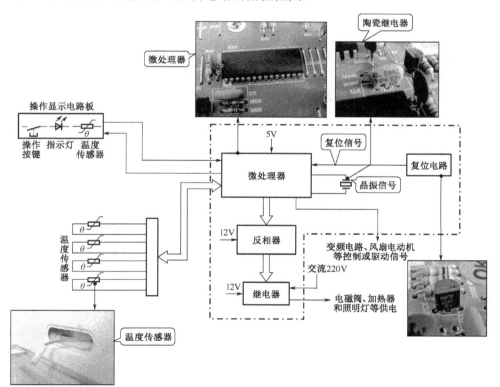

图 6-9　典型电冰箱中控制电路的流程框图

从图中可以看出，用户通过操作按键向微处理器输入温度设置信号、化霜方式以及定时等人工操作指令。微处理器收到这些信息后，对电磁阀、继电器、风扇电动机、照明灯等输出控制信号。微处理器输出的控制信号经反相器、继电器等转换为控制各器件的电压或电流，进而控制各器件工作。

冷藏室、冷冻室等温度检测信息随时送给微处理器，当冰箱室内的温度达到预先设定的温度时，温度传感器将温度的变化变成电信号送到微处理器的传感器信号输入端，微处理器识别该信号后再进行自动控制。

为了进一步掌握电冰箱控制电路的分析，下面我们以典型电冰箱控制电路为例，详细学习一下电冰箱控制电路的分析。

【图文讲解】

图 6-10 所示为三星 BCD-226 型电冰箱的控制电路，由图可知，结合控制电路的结构，我们将该控制电路划分为 4 个部分，即微处理器启动电路、反相器控制电路、温度检测电路和人工指令输入及对外控制电路。然后从启动电路部分开始，顺信号流程逐级分析。

（1）微处理器启动电路部分

微处理器 IC101（TMP86P807N）进入工作状态需要具备一些工作条件，其中主要包括 +5V 供电电压、复位信号和晶振信号。

其中，微处理器 IC101 的⑤脚为 +5V 供电端，为微处理器提供工作电压；微处理器 IC101 的⑧脚为输入复位信号；晶体 XT1 与微处理器内部的振荡电路构成晶体振荡器，为微处理器提供晶振信号。

（2）反相器控制电路部分

在智能电冰箱中，对压缩机等器件的供电进行控制时，通常都使用反相器和继电器控制相关器件的供电线路。

反相器 IC102（ULN2003）的⑨脚为 12V 直流电压供电端，微处理器的⑫～⑯脚输出控制信号送到反相器 IC102 的①～⑤脚，经处理后，IC102 的⑫～⑯脚便会接通继电器电源，继电器线圈得电，控制相应的器件开始工作。

（3）温度检测电路部分

温度检测电路用来检测电冰箱内外的温度，并将温度信号传送到微处理器中。

温度传感器实际上就是热敏电阻，它将检测到的温度信号转变为电信号送到微处理器中，微处理器根据这些信号，实时对电冰箱的整机工作进行控制，并通过数码显示屏将温度信号显示出来。

（4）人工指令输入及对外控制电路部分

微处理器通过对人工指令的识别，才可输出相应的控制信号对其他电路进行控制。除了使用反相器和继电器对重要器件进行控制外，微处理器还通过几条专门的信号线路对一些部件进行控制，比如风扇、光合成除臭灯等。

微处理器的⑩和⑪脚与操作显示电路相连，用来接收人工指令信号，也输出电冰箱整机的工作信息；微处理器的⑰脚与门开关相连，用来检测箱门的打开和关闭；微处理器的⑳和㉑脚与风扇电动机相连，用来控制风扇的旋转；微处理器的⑱脚与光合成除臭灯相连，用来控制除臭灯的工作。

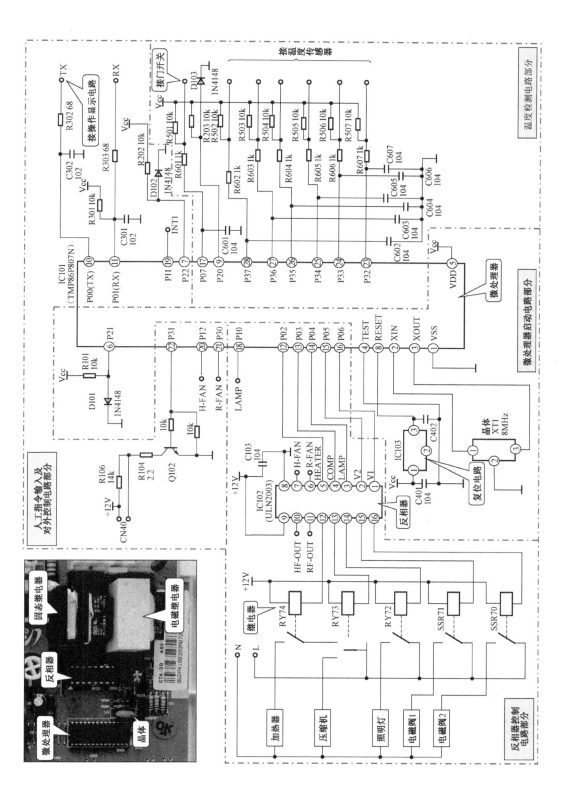

图 6-10 三星 BCD-226 型电冰箱的控制电路

【资料链接】

了解微处理器 TMP86P807N 各引脚的功能，对理清控制电路的信号流程有很大帮助，TMP86P807N 各引脚的功能见表 6-1 所列。

表 6-1　微处理器 TMP86P807N 各引脚功能

引脚号	名称	引脚功能	引脚号	名称	引脚功能
①	VSS	地	⑬	P03	压缩机控制端
②、③	XIN、XOUT	晶振端口	⑭	P04	照明灯控制端
④	TEST	测试端	⑮	P05	电磁阀 1 控制端
⑤	VDD	+5 V 供电端	⑯	P06	电磁阀 2 控制端
⑥	P21	——	⑰	P07	门开关信号端
⑦	P22	——	⑱	P10	光合成除臭灯控制端
⑧	RESET	复位端	⑲	P11	检测端
⑨	P20	——	⑳	P12	风扇控制端（H）
⑩	TX	数据输出	㉑	P30	风扇控制端（R）
⑪	RX	数据输入	㉒	P31	——
⑫	P02	加热器控制端	㉓～㉘	P32～P37	温度检测端

技能训练 6.3.2　电冰箱控制电路的检修训练

控制电路是电冰箱中的关键电路，若该电路出现故障经常会引起电冰箱不启动、不制冷、控制失灵、显示异常等现象，对该电路进行检修时，可依据故障现象分析出产生故障的原因，并根据控制电路的信号流程对可能产生故障的部件逐一进行排查。

【图文讲解】

图 6-11 所示为电冰箱控制电路的检修流程和检修部位。

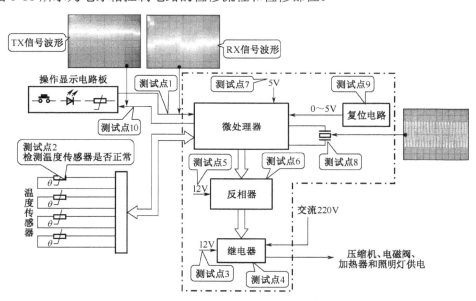

图 6-11　电冰箱控制电路的检修流程和检修部位

当电冰箱的控制电路出现故障后，应根据其电路结构和信号流程进行分析，再按照基本检修流程，对可能发生故障的元器件进行检修。

测试点 1：检测微处理器接收的 RX 信号是否正常。

测试点 2：检测温度传感器是否正常。

测试点 3：检测继电器的供电电压是否正常.

测试点 4：检测继电器是否正常。

测试点 5：检测反相器的供电电压是否正常。

测试点 6：检测反相器是否正常。

测试点 7：检测微处理器的 5V 供电电压是否正常。

测试点 8：检测晶振信号波形是否正常。

测试点 9：检测送入微处理器的复位信号是否正常。

测试点 10：检测微处理器输出的 TX 信号是否正常。

任务模块 6.4　电冰箱变频电路的检修技能

对于初学者而言，在学习电冰箱变频电路的检修技能之前，首先要对电冰箱变频电路进行电路分析，能够在分析的过程中知晓单元电路（主要电器部件）的工作原理，并能够根据信号流程对变频电路进行检修。

新知讲解 6.4.1　电冰箱变频电路的分析

变频电路是变频电冰箱中所特有的电路模块，其主要的功能就是为电冰箱的变频压缩机提供驱动电流，用来调节压缩机的转速，实现电冰箱制冷的自动控制。

【图文讲解】

图 6-12 所示为典型电冰箱中变频电路的流程框图。

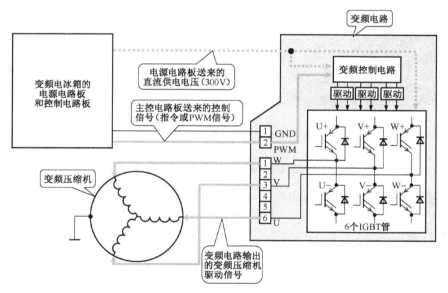

图 6-12　典型电冰箱中变频电路的流程框图

从图中可以看出,电源电路板和主控电路板输出的直流 300V 电压为逆变器(6 个 IGBT 管）以及变频驱动电路进行供电,同时由主控电路板输出的 PWM 驱动信号经变频驱动电路控制逆变器中的 6 个 IGBT 管轮流导通或截止,为变频压缩机提供所需的工作电压（变频驱动信号）,变频驱动信号加到变频压缩机的三相绕阻端,使变频压缩机启动,进行变频运转,驱动制冷剂循环,进而达到电冰箱变频制冷的目的。

【相关链接】

图 6-13 所示为海尔 BCD-248WBSV 型变频电冰箱中的变频电路板,可以看到,该电路主要是由 6 只场效应晶体管构成的逆变电路（功率输出电路）、变频控制电路、电源供电电路以及外围元器件等构成的。

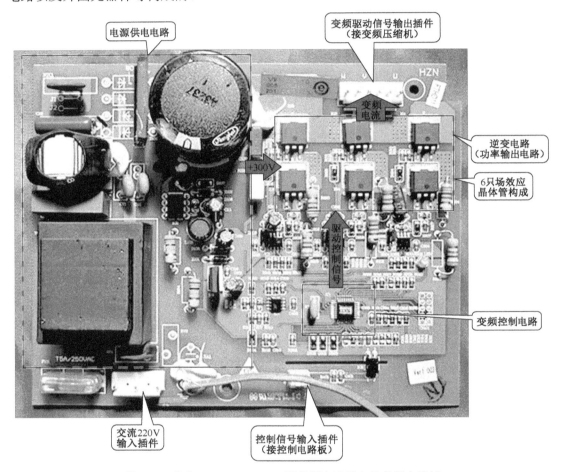

图 6-13　海尔 BCD-248WBSV 型变频电冰箱中的变频电路板

为了进一步掌握电冰箱变频电路的分析,下面我们以典型电冰箱变频电路为例,详细学习一下电冰箱变频电路的分析。

【图文讲解】

图 6-14 所示为海尔 BCD-248WBSV 型变频电冰箱整机电路,主要由操作显示电路板、主控电路板、变频电路板、传感器、加热器、风扇电动机、电磁阀、门开关、照明灯、变频压缩机等部分构成。然后从交流输入电路部分开始,顺信号流程逐级分析。

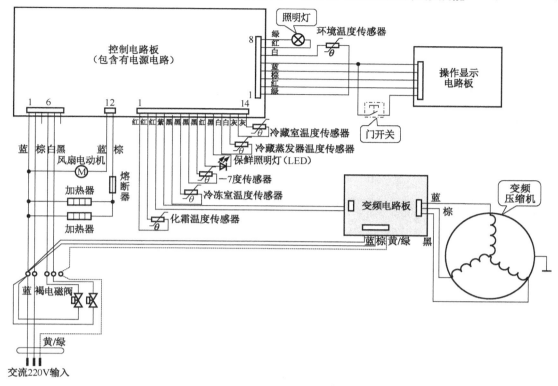

图 6-14　海尔 BCD-248WBSV 型变频电冰箱整机电路

电冰箱通电后，交流 220V 经控制电路板中的电源电路整流滤波处理后，输出直流电压，为电冰箱的显示电路板、传感器等提供工作电压。

控制电路中的微处理器对传感器的信号分析处理后，来对变频压缩机进行变频控制。

控制电路板将显示信号输送到操作显示电路板中，通过显示屏显示电冰箱当前的工作状态。

电冰箱工作后，传感器将检测到的温度信号转换为电压信号，传输到控制电路中。

控制电路通过插件，给变频电路板传输控制信号，控制变频板中的变频模块。

变频电路中一般也包含有电源电路，用于将 220V 电压整流滤波后变为 300V 直流电压，为变频电路供电。

变频电路向变频压缩机提供变频驱动信号。变频驱动信号加到变频压缩机的三相绕阻端，使变频压缩机启动运转，驱动制冷剂循环进而达到电冰箱制冷的目的。

技能训练 6.4.2　电冰箱变频电路的检修训练

变频电路出现故障经常会引起电冰箱出现不制冷、制冷效果差等现象，对该电路进行检修时，可依据变频电路的信号流程对可能产生故障的部位进行逐级排查。

【图文讲解】

图 6-15 所示为电冰箱变频电路的检修流程和检修部位。

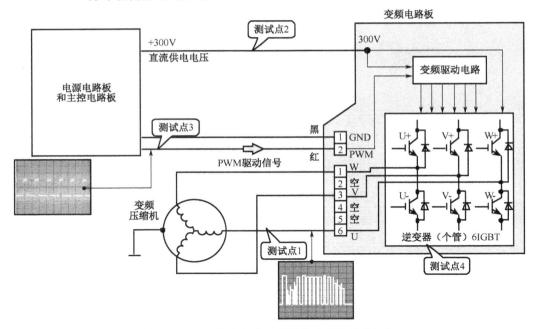

图 6-15　电冰箱变频电路的检修流程和检修部位

当电冰箱的变频电路出现故障后，应根据其电路结构和信号流程进行分析，再按照基本检修流程，对可能发生故障的元器件进行检修。

测试点 1：检测变频电路输出的变频压缩机驱动信号是否正常。

测试点 2：检测电源电路板送来的直流供电电压是否正常。

测试点 3：检测主控电路板送来的 PWM 驱动信号是否正常。

测试点 4：检测 IGBT 管是否正常。

【提示】

当变频电路出现故障时，可首先采用观察法检查变频电路的主要元件有无明显损坏或元件脱焊、插口不良等现象，如出现上述情况则应立即更换或检修损坏的元器件。

项目七

空调器主要部件的检测与代换技能

任务模块 7.1　空调器贯流风扇组件的检测与代换

在学习贯流风扇组件的检测与代换之前，首先要认识贯流风扇组件，对于初学者而言，能够根据贯流风扇组件的结构特点在空调器中准确地找到贯流风扇组件，并了解风扇组件的结构特点，这是搞定空调器贯流风扇组件检测代换的第一步。

新知讲解 7.1.1　空调器贯流风扇组件的结构和功能特点

空调器贯流风扇组件主要用于实现室内空气的强制循环对流，以便室内空气进行热交换，目前空调器室内机多数采用强制通风对流的方式进行热交换，因此，室内机的风扇组件主要的目的是加速空气的流动。

【图文讲解】

贯流风扇组件通常安装在空调器室内机蒸发器下，横卧在室内机中。图 7-1 所示为贯流风扇组件的功能示意图。

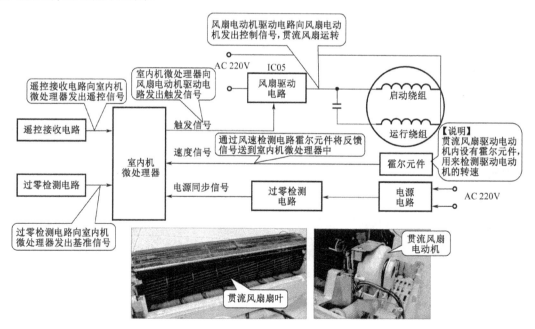

图 7-1　贯流风扇组件的功能示意图

【资料链接】

贯流风扇组件一般包含两大部分：贯流风扇扇叶、贯流风扇电动机。贯流风扇扇叶是由细长的离心叶片组成的，其结构紧凑，叶轮直径小、长度大、风量大、风压低、转速低、噪声小，空调器采用这种风扇可以把气体以无涡旋的形式深深吹到房间中，这种风扇的轴向可以很长，从而使风量大，送风均匀；贯流风扇电动机多采用交流电动机，通过主轴直接与叶片相连，用于带动贯流风扇扇叶转动。

当空调器供电电路接通后，由微处理器发出控制指令并启动贯流风扇电动机，同时带动组件中的贯流风扇扇叶转动。

【提示】

在贯流风扇扇叶组件中的贯流风扇扇叶驱动电动机内部，安装有霍尔元件，主要是用来检测贯流风扇扇叶驱动电动机的转速，并将检测到的转速信号送入微处理器中，以便室内控制电路可准确地控制风扇电动机的转速。

技能训练 7.1.2　空调器贯流风扇组件的检测与代换训练

室内机贯流风扇组件出现故障，多表现为出风口不出风、制冷效果差、室内温度达不到指定温度等现象。若怀疑贯流风扇组件损坏，就需要分别对贯流风扇组件中的贯流风扇、贯流风扇电动机等进行检测。一旦发现故障，就需要寻找可替代的器件进行代换。

1．贯流风扇组件的检测方法

对于室内机贯流风扇组件的检测，应首先检测贯流风扇扇叶是否变形损坏。若没有发现机械故障，再对贯流风扇驱动电动机（电动机绕组、霍尔元件）进行检测。

（1）对贯流风扇扇叶进行检测

空调器长时间未使用，贯流风扇的扇叶会堆积大量灰尘会造成风扇送风效果差的现象。出现此种情况时，打开空调器室内机的外壳后，首先检查贯流风扇外观及周围是否有异物，扇叶若是被异物卡住，散热效果将大幅度降低，严重时，还会造成贯流风扇电动机损坏。

【图解演示】

贯流风扇扇叶的检查方法如图 7-2 所示。检查贯流风扇扇叶的外观有无破损、变形或脏污的现象。若有脏污，则需要使用清洁刷对有污垢的贯流风扇扇叶进行清洁。

图 7-2　贯流风扇扇叶的检查方法

经检查，若贯流风扇扇叶存在严重脏污，则需要对贯流风扇扇叶进行清洁处理；若贯流风扇扇叶变形或由于破损而影响运转，则需要用相同规格的扇叶进行代换。

（2）对贯流风扇电动机进行检测

贯流风扇组件工作异常时，若经检测贯流风扇扇叶正常，则接下来应对贯流风扇电动机进行仔细检测。贯流风扇电动机是贯流风扇组件中的核心部件，若贯流风扇电动机不转或是转速异常，可以使用万用表对贯流风扇电动机绕组的阻值和电动机内的霍尔元件进行检测，进而判断贯流风扇电动机是否出现故障。

① 贯流风扇电动机各绕组间阻值的检测

对贯流风扇电动机进行检测时，一般可使用万用表的欧姆挡检测其绕组阻值的方法来判断好坏。

【图解演示】

图 7-3 所示为贯流风扇电动机各绕组间阻值的检测方法。将万用表红黑表笔任意搭接在贯流风扇电动机的绕组连接插件中分别检测各引脚之间的阻值。

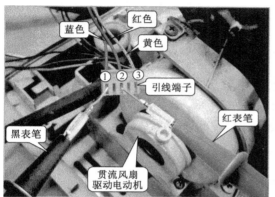
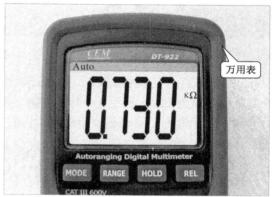

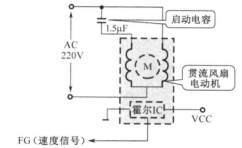

图 7-3 贯流风扇电动机各绕组间阻值的检测方法

正常情况下，可测得贯流风扇电动机绕组连接插件蓝色①、红色②脚之间阻值为 0.730，红色②、黄色③脚之间阻值为 0.375，蓝色①、黄色③脚之间阻值为 0.354。若检测到的阻值为零或无穷大，说明该贯流风扇驱动电动机损坏，需进行更换；若经检测正常，则应进一步对其内部霍尔元件进行检测。

② 贯流风扇电动机内霍尔元件的检测

霍尔元件是贯流风扇电动机中的位置检测元件，若该元件损坏也会引起贯流风扇电动机运转异常或不运转的故障。

对霍尔元件的检测与贯流风扇电动机相似，可使用万用表对其连接插件引脚之间的阻值进行检测，来判断其是否损坏。

【图解演示】

图 7-4 所示为贯流风扇电动机内霍尔元件的检测方法。将万用表红黑表笔任意搭接在贯流风扇电动机的霍尔元件连接端，分别检测各引脚之间的阻值。

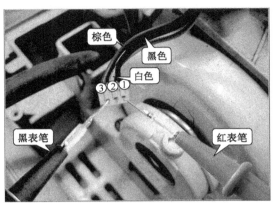

图 7-4　贯流风扇电动机内霍尔元件的检测方法

正常情况下，可测得霍尔元件插件黑色①、白色②脚之间阻值为 20.3，白色②、棕色③脚之间阻值为 25.9，黑色①、棕色③脚之间阻值为 24.98。若检测时发现某两个接线端的阻值为零或无穷大，则说明该驱动电动机的霍尔元件可能损坏，应对贯流风扇驱动电动机进行更换。

【提示】

霍尔元件是一种传感器件，一般有三只引脚，分别为供电端、接地端和信号端。若能够准确区分出这三只引脚的排列顺序，可以在判断霍尔元件的好坏时，只检测供电端与接地端之间的阻值、信号端与接地端之间的阻值即可。正常情况下，这两组阻值应为一个固定的数值，若出现零或无穷大的情况，多为霍尔元件损坏。

2．贯流风扇驱动电动机的代换方法

经检测，若贯流风扇组件中的电动机老化或出现无法修复的故障，就需要使用同型号或参数相同的贯流风扇电动机进行代换。

（1）寻找可替代的贯流风扇电动机

将损坏的贯流风扇电动机拆下后，接下来需要寻找可替代的贯流风扇电动机进行代换。代换时需要根据损坏贯流风扇电动机的类型、型号、大小等规格参数选择适合的器件进行代换。

【图解演示】

图 7-5 所示为贯流风扇电动机的选择方法。选用的贯流风扇电动机要与原贯流风扇电动机的规格参数（额定电压、频率、额定功率）、体积大小相同的贯流风扇电动机进行代换。

（2）代换贯流风扇电动机

选择好代换用的电动机后，将新贯流风扇电动机安装到贯流风扇扇叶上，并将贯流风扇组件安装好后，通电试机。

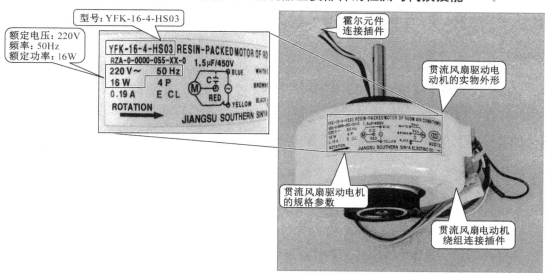

图 7-5　贯流风扇电动机的选择方法

【图解演示】

　　如图 7-6 所示，首先将新的贯流风扇驱动电动机与贯流风扇扇叶进行连接。然后使用工具将贯流风扇驱动电动机与贯流风扇扇叶固定好。最后将贯流风扇组件安装到室内机中。

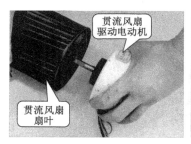

图 7-6　固定并安装代换的贯流风扇电动机

【图解演示】

　　如图 7-7 所示，首先将固定贯流风扇驱动电动机的支架安装好并进行固定。然后将贯流风扇驱动电动机内绕组的连接插件与电路板进行连接。最后将贯流风扇驱动电动机内霍尔元器件的连接插件与电路板进行连接，并进行通电运行，发现贯流风扇转动正常。

图 7-7　贯流风扇电动机的代换方法

147

任务模块 7.2　空调器轴流风扇组件的检测与代换

在学习轴流风扇组件的检测与代换之前，首先要认识轴流风扇组件，对轴流风扇组件有一定的了解。对于初学者而言，能够在空调器中找到轴流风扇组件的位置，并了解轴流风扇组件的结构特点，这是搞定空调器轴流风扇组件检测与代换的第一步。

新知讲解 7.2.1　空调器轴流风扇组件的结构和功能特点

轴流风扇组件通常安装在空调器室外机冷凝器内侧，主要是由轴流风扇电动机、轴流风扇扇叶和轴流风扇启动电容组成的，其主要作用是确保室外机内部热交换部件（冷凝器）良好的散热。

【图文讲解】

图 7-8 所示为轴流风扇组件的功能示意图。空调器工作时，轴流风扇电动机在轴流风扇启动电容的控制下运转，从而带动轴流风扇扇叶旋转，将空调器中的热气尽快排出。确保空调器制冷管路热交换过程的顺利进行。

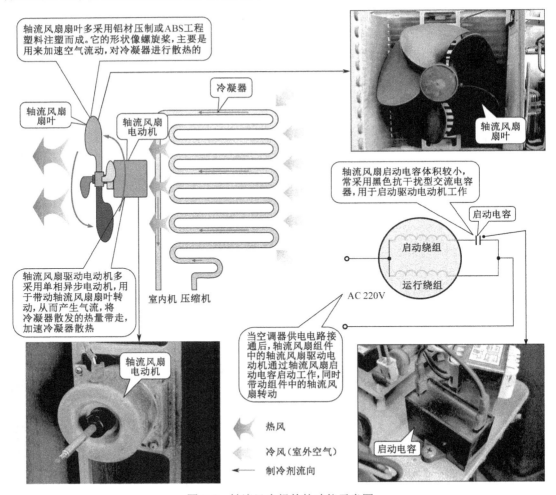

图 7-8　轴流风扇组件的功能示意图

【资料链接】

轴流风扇驱动电动机有两个绕组，即启动绕组和运行绕组。这两个绕组在空间位置上相位相差 90°。在启动绕组中串联了一个容量较大的交流电容器，当运行绕组和启动绕组中通过单相交流电时，由于电容器的作用，启动绕组中的电流在相位上比运行绕组中的电流超前 90°，先期达到最大值。这样在时间和空间上就有相同的两个脉冲磁场，使定子在转子之间的气隙中产生了一个旋转磁场。在旋转磁场的作用下，电动机转子中产生感应电流，该电流和旋转磁场相互作用而产生电磁场转矩，使电动机旋转起来。电动机正常运转之后，电容早已充满电，使通过启动绕组的电流减小到微乎其微。这时只有运行绕组工作，在转子的惯性作用下使电动机不停地旋转。

技能训练 7.2.2　空调器轴流风扇组件的检测与代换训练

轴流风扇组件出现故障后，空调器可能会出现室外机风扇不转、室外机风扇转速慢进而导致空调器不制冷（热）或制冷（热）效果差等现象。若怀疑轴流风扇组件损坏，就需要分别对轴流风扇扇叶、轴流风扇启动电容器、轴流风扇驱动电动机等进行检测。一旦发现故障，就需要寻找可替代的器件进行代换。

1. 轴流风扇扇叶的检测与代换

轴流风扇组件放置在室外，容易堆积大量的灰尘，若有异物进去极易卡住轴流风扇扇叶，导致轴流风扇扇叶运转异常。首先检查轴流风扇外观及周围有无异物，尤其是长时间不使用空调器，轴流风扇扇叶会受运行环境恶劣和外力作用等因素的影响，出现轴流风扇扇叶破损、被异物卡住或轴流风扇扇叶与轴流风扇电动机转轴被污物缠绕或锈蚀等情况，这将使散热效能大幅度降低，易导致空调器出现停机现象，严重时，还会造成电动机损坏。

【图解演示】

图 7-9 所示为轴流风扇扇叶的检查方法。首先检查轴流风扇扇叶外观有无破损、变形。然后拨动轴流风扇扇叶查看能否轻松平滑旋转。最后检查轴流风扇扇叶附近有无脏污、异物堵塞、堵转情况。

图 7-9　轴流风扇扇叶的检查方法

经检查，若轴流风扇扇叶存在严重破损和脏污，则需要对扇叶进行清洁处理；若轴流风扇无法修复则需要用相同规格的扇叶进行代换。

149

2．轴流风扇启动电容器的检测与代换

轴流风扇启动电容正常工作是轴流风扇电动机启动运行的基本条件之一。因此当轴流风扇组件工作异常时，首先应检查轴流风扇启动电容是否正常，若不正常应对启动电容器进行代换；若正常则应进行下一步检测。

（1）对轴流风扇启动电容器进行检测

轴流风扇启动电容正常工作是轴流风扇电动机启动运行的基本条件之一。若轴流风扇电动机不启动或启动后转速明显偏慢，应先对轴流风扇启动电容进行检测。

【图解演示】

如图 7-10 所示，首先观察轴流风扇启动电容外壳有无明显烧焦、变形、碎裂、漏液等情况。若通过观察无法判断轴流风扇启动电容器损坏，需用将万用表的红黑表笔分别搭在轴流风扇启动电容器的两只引脚上测其电容量。观察万用表显示屏读数，若读数与轴流风扇电动机启动电容器容量相差无几，则说明轴流风扇启动电容器正常。

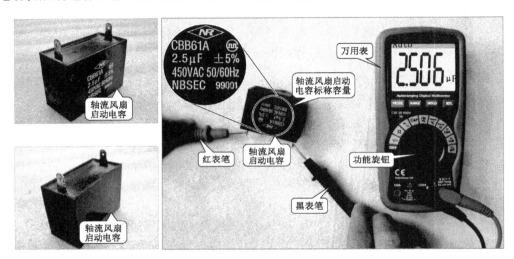

图 7-10　轴流风扇启动电容的检测方法

若轴流风扇启动电容因漏液、变形导致容量减少时，多会引起轴流风扇驱动电动机转速变慢故障；若轴流风扇启动电容漏电严重，完全无容量时，将会导致轴流风扇驱动电动机不启动、不运行故障。

（2）对轴流风扇启动电容器进行代换

当轴流风扇启动电容器老化或出现无法修复的故障时，就需要使用同型号或参数相同的启动电容器进行代换。

① 寻找可替代的轴流风扇启动电容

当若经检测，轴流风扇启动电容异常，则需要根据原轴流风扇启动电容的标称参数，选择容量、耐压值等均相同的电容器进行代换。

【图解演示】

如图 7-11 所示，识读原轴流风扇启动电容参数：容量为 2.5μF，耐压值为 450V。选配的代换用的轴流风扇启动电容参数：容量为 2.5μF 耐压值为 450V。若找不到与原轴流风扇启动电容容量参数完全相同的电容器时，应选择耐压值相同，容量误差为原容量的 20%以

内的电容器，若相差太多，则容易损坏电动机。

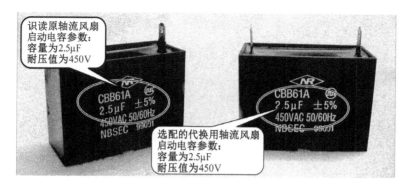

图 7-11　轴流风扇启动电容的选择方案

② 代换轴流风扇启动电容器

选择好代换的轴流风扇启动电容器后，将代换用的启动电容器安装到原轴流风扇启动电容的位置上，完成代换后，通电试机运行。

【图解演示】

图 7-12 所示为轴流风扇启动电容的代换方法。首先将代换用的启动电容放置到原轴流风扇启动电容的位置上，然后用固定螺钉将代换用的启动电容重新固定，最后将安装好的代换用的启动电容与轴流风扇驱动电动机连接的两根引线进行插接。

图 7-12　轴流风扇启动电容的代换方法

3．轴流风扇驱动电动机的检测与代换

轴流风扇组件工作异常时，若经检测和代换轴流风扇启动电容后故障依旧，则接下来应对轴流风扇电动机进行仔细检查，若轴流风扇电动机损坏应及时更换。

（1）对轴流风扇电动机进行检测

将轴流风扇电动机拆下后，接下来需要对电动机进行检测。轴流风扇电动机是轴流风扇组件中的核心部件。在轴流风扇启动电容正常的前提下，若轴流风扇电动机不转或转速异常，则需通过万用表对轴流风扇电动机绕组的阻值进行检测，来判断轴流风扇电动机是否出现故障。

轴流风扇电动机绕组阻值的检测方法如图 7-13 所示。通过轴流风扇电动机的连接引线很容易区别不同颜色连接引线的功能。分别检测公共端与启动绕组端、公共端与运行绕组端、启动绕组端与运行绕组端之间的阻值。

151

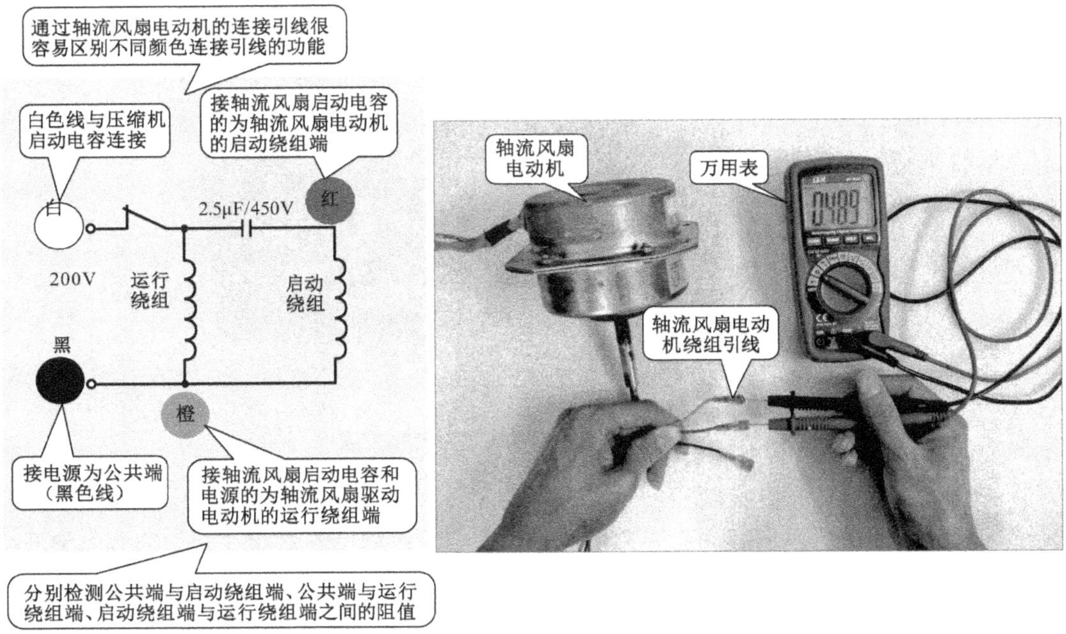

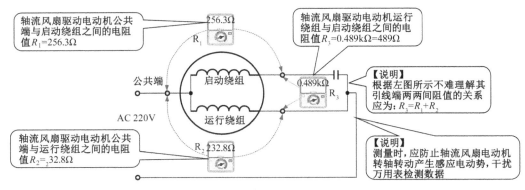

通过轴流风扇电动机的连接引线很容易区别不同颜色连接引线的功能

白色线与压缩机启动电容连接

接轴流风扇启动电容的为轴流风扇电动机的启动绕组端

白

2.5μF/450V

红

200V 运行绕组 启动绕组

黑

橙

接电源为公共端（黑色线）

接轴流风扇启动电容和电源的为轴流风扇驱动电动机的运行绕组端

分别检测公共端与启动绕组端、公共端与运行绕组端、启动绕组端与运行绕组端之间的阻值

轴流风扇电动机

万用表

轴流风扇电动机绕组引线

图7-13　轴流风扇电动机绕组阻值的检测方法

观察万用表显示的数值，正常情况下，任意两引线端均有一定阻值，且满足其中两组阻值之和等于另外一组阻值。

若检测时发现某两根引线端的阻值趋于无穷大，则说明绕组中有断路情况；若三组数值间不满足等式关系，则说明电动机绕组可能存在绕组间短路情况。出现上述两种情况均应更换电动机。

【资料链接】

空调器室外机轴流风扇电动机绕组的连接方式较为简单，通常有三条引线输出端，其中一条引线为公共端，另外两条分别为运行绕组端和启动绕组引线端，如图7-14所示。根据其接线关系不难理解其引线端两两间阻值的关系应为：轴流风扇电动机运行绕组与启动绕组之间的电阻值 = 运行绕组与公共端间的电阻值 + 启动绕组与公共端间的电阻值。

轴流风扇驱动电动机公共端与启动绕组之间的电阻值 $R_1=256.3\Omega$

256.3Ω

R_1

轴流风扇驱动电动机运行绕组与启动绕组之间的电阻值 $R_3=0.489k\Omega=489\Omega$

公共端

启动绕组

0.489kΩ

R_3

AC 220V

运行绕组

【说明】根据左图所示不难理解其引线端两两间阻值的关系应为：$R_3=R_1+R_2$

轴流风扇驱动电动机公共端与运行绕组之间的电阻值 $R_2=32.8\Omega$

232.8Ω

R_2

【说明】测量时，应防止轴流风扇电动机转轴转动产生感应电动势，干扰万用表检测数据

图7-14　空调器室外机轴流风扇电动机绕组的连接方式

（2）对轴流风扇电动机进行代换

当轴流风扇电动机老化或出现无法修复的故障时，就需要使用同型号或参数相同的轴

流风扇电动机进行代换。

代换之前应根据原轴流风扇电动机上的铭牌标识，选择型号、额定电压、额定功率、频率、极数等规格参数相同的电动机进行代换。

【图解演示】

如图 7-15 所示，选用轴流风扇电动机时，应按照以下规格参数进行选择。轴流电动机的电气接线图：电动机线圈接线方式及输出引线的颜色类型。

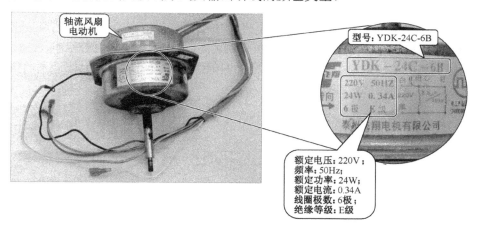

图 7-15　轴流风扇电动机的选择方案

选择好代换用的轴流风扇电动机后，将代换用的轴流风扇电动机安装到电动机支架上，并将扇叶也装回到机轴上，通电试机。

【图解演示】

图 7-16 所示为轴流风扇电动机的代换方法。首先将代换的轴流风扇电动机固定在电动机支架上。然后将轴流风扇扇叶穿入电动机转轴上，并将其固定好。最后将轴流风扇电动机的连接引线分别与电路板、轴流风扇启动电容、接地端等进行连接。代换完成后，通电试机，室外机运转正常。

图 7-16　轴流风扇电动机的代换方法

任务模块 7.3　空调器四通阀的检测与代换

在学习电磁四通阀的检测与代换之前，首先要认识四通阀。对于初学者而言，能够根据电磁四通阀的结构特点在空调器中准确地找到电磁四通阀，并了解电磁四通阀的结构特点及工作原理，这是搞定电磁四通阀检测与代换的第一步。

新知讲解 7.3.1 空调器四通阀的结构和功能特点

电磁四通阀又叫做四通换向阀，它是一种电控阀门，它是冷暖型空调器中重要的组成部件，它利用导向阀和换向阀的作用改变空调器管路中制冷剂的流向，来达到切换制冷、制热的目的。

【图文讲解】

图 7-17 所示为电磁四通阀的功能示意图。冷暖型空调器的管路中所使用的电磁四通阀，通常由电磁导向阀、四通换向阀两部分构成。电磁导向阀由电磁线圈和导向阀组成；四通换向阀由换向阀和四根管路构成，电磁导向阀和四通换向阀之间通过四根导向毛细管相连。

电磁导向阀受控制电路控制，可以改变导向毛细管的连接状态。而四通换向阀受压力控制，从而改变换向阀制冷剂的流向。

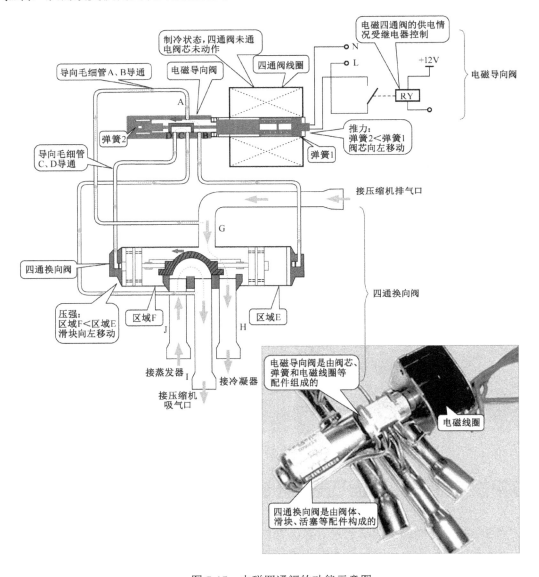

图 7-17　电磁四通阀的功能示意图

【资料链接】

空调器制冷时，四通阀线圈未通电，阀芯在弹簧的作用下位于左侧，导向毛细管 A 和 B、C 和 D 分别导通。

高压制冷剂经导向毛细管 A、B 流向区域 E 形成高压区；低压制冷剂经导向毛细管 C、D 流向区域 F 形成低压区。活塞受到高、低压的影响，带动滑块向左移动，使连接管 G 和 H 相通，连接管 I 和 J 相通。

从压缩机排气口送出的制冷剂，从连接管 G 流向连接管 H，进入室外机冷凝器，向室外散热。制冷剂经冷凝器向室内机蒸发器流动，向室内制冷，然后流入电磁四通阀。经连接管 J 和 I 回到压缩机吸气口。而空调器制热时，电磁四通阀内部动作正好相反，制冷剂流向改变。

技能训练 7.3.2　空调器四通阀的检测与代换训练

电磁四通阀发生故障，空调器会出现制冷/制热异常、制冷/制热模式不能切换、不制冷或不制热的故障。

对电磁四通阀进行检测时，首先应检查电磁四通阀有无泄漏，其次通过检查电磁四通阀管路温度判断内部部件是否良好，最后使用万用表检测电磁四通阀线圈的阻值是否正常。

1. 电磁四通阀的检测方法

对电磁四通阀进行检测时，首先是对电磁四通阀泄露的检测，接着是对电磁四通阀是否堵塞的检测，最后是对电磁四通阀线圈阻值的检测。

（1）电磁四通阀管路部分的检测方法

对电磁四通阀管路部分的检测主要是检测四通阀的管路焊口是否泄漏以及用手感觉电磁四通阀管路的温度。

【图解演示】

如图 7-18 所示，若怀疑电磁四通阀出现泄漏问题，可使用白纸擦拭电磁四通阀的四个管路焊口处。若白纸上有油污，说明该焊口处有泄漏故障，需要进行补漏操作。用手分别触摸电磁四通阀上的连接管路。电磁四通阀如果堵塞，可通过检查其连接管路的温度来判断。

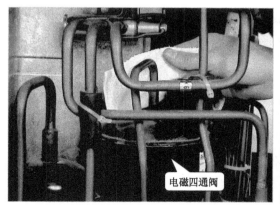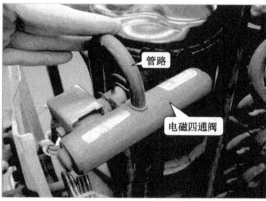

图 7-18　电磁四通阀管路部分的检测方法

用手感觉电磁四通阀管路的温度，与正常情况下管路的温度进行比较，如果温度差过大，则说明电磁四通阀有故障。正常情况下，电磁四通阀管路的温度见表 7-1 所示。

表 7-1　电磁四通阀管路的温度

空调器工作情况	接压缩机排气管	接压缩机吸气管	接蒸发器	接冷凝器	左侧毛细管温度	右侧毛细管温度
制冷状态	热	冷	冷	热	较冷	较热
制热状态	热	冷	热	冷	较热	较冷

（2）电磁四通阀线圈阻值的检测方法

对电磁四通阀线圈进行检测，需要先将其连接插件拔下，通过连接插件使用万用表对电磁四通阀线圈阻值进行检测，即可判断电磁四通阀是否出现故障。

【图解演示】

如图 7-19 所示，将万用表的红黑表笔任意搭在电磁四通阀的两个插件上。

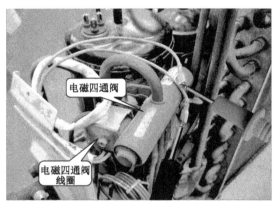

图 7-19　电磁四通阀的检测方法

正常情况下，万用表可测得一定的阻值，实测为 1.461。若阻值极小或为无穷大，说明电磁四通阀损坏。

2．电磁四通阀的代换方法

若电磁四通阀出现内部堵塞或部件损坏等故障，则需要对电磁四通阀整体进行代换，若只是线圈损坏，只需要单独对线圈进行更换即可。对电磁四通阀整体进行代换时，需要使用气焊设备对损坏的电磁四通阀进行拆焊，然后根据损坏电磁四通阀的规格参数选择适合的部件进行代换。

（1）电磁四通阀的拆卸

使用气焊设备和钳子对电磁四通阀进行拆卸。

【图解演示】

如图 7-20 所示，首先使用焊枪对电磁四通阀与其他部件相连的管路进行加热，待加热一段时间后使用钳子将管路分离。然后从室外机管路中分离电磁四通阀。

（2）电磁四通阀的代换

选择好合适的电磁四通阀后，将新电磁四通阀安装到室外机中，对齐管路位置后，再进行焊接。

图 7-20 电磁四通阀的拆卸方法

【图解演示】

如图 7-21 所示，首先将电磁四通阀放置到原位置，注意对齐管路。然后在电磁四通阀阀体上覆盖一层湿布，防止焊接时，阀体过热。最后使用气焊设备将电磁四通阀的四根管路分别与制冷管路焊接在一起。焊接完成后，进行检漏、抽真空、充注制冷剂等操作。

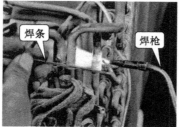

图 7-21 电磁四通阀的代换方法

【提示】

值得注意的是，为了让读者能够看清楚操作过程和操作细节，在开焊和焊接时没有采取严格的安全保护措施，整个过程由经验丰富的技师完成，学员在检测和练习时，要采取严格的安全保护措施，用湿布包裹住电磁四通阀，以免造成其内部部件受热变形。

【资料链接】

电磁四通阀一旦出现故障，维修人员经常采取的方法就是直接进行拆卸代换，由于电磁四通阀的拆卸代换操作十分复杂，工艺难度也较高，因此对于电磁四通阀代换不仅费时、费力，而且也会使维修成本大大增加。而很多时候电磁四通阀的故障是由四通阀线圈故障引起的，如果在确定电磁四通阀存在故障后，先对电磁四通阀线圈进行检测，若能发现是电磁四通阀线圈损坏，那么只更换电磁四通阀线圈将大大缩减维修时间，降低维修成本。

任务模块 7.4 空调器节流和闸阀组件的检测与代换

在学习节流和闸阀组件的检测与代换之前，首先要认识节流和闸阀组件。对于初学者而言，能够根据节流和闸阀组件的结构特点在空调器中准确地找到节流和闸阀组件，并了解节流和闸阀组件的结构特点及工作原理，这是搞定节流和闸阀组件检测与代换的第一步。

新知讲解 7.4.1 空调器节流和闸阀组件的结构和功能特点

空调器的节流组件包括毛细管、干燥过滤器、单向阀，这些部件是空调器制冷系统中的重要部件，一般情况下，冷暖式空调器中，毛细管与单向阀、干燥过滤器连接在一起，相互之间距离较近，安装在空调器的室外机中，主要起干燥、节流、降压的作用。

【图文讲解】

图 7-22 所示为节流和闸阀组件的功能示意图。

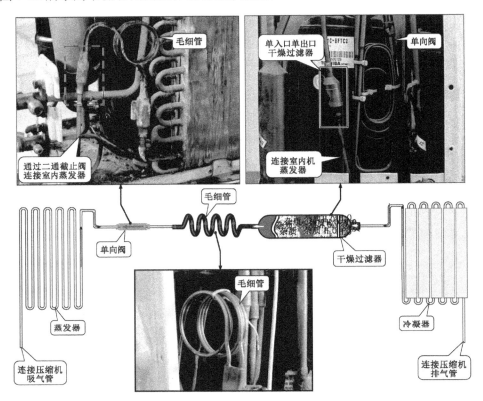

图 7-22　干燥过滤器、毛细管、单向阀的功能示意图

【资料链接】

　　一般情况下，冷暖式空调器中的毛细管与单向阀、干燥过滤器连接在一起。其中制冷剂在单向阀中，若按标识方向流过，单向阀便会导通；若反向流过，单向阀便会截止。当制冷剂流向与球形单向阀标识一致时，钢球被制冷剂推到限位环内，单向阀导通，允许制冷剂流过；当制冷剂流向与球形单向阀标识不一致时，钢球被制冷剂推到阀座上，单向阀截止，不允许制冷剂流过。锥形单向阀的工作原理与球形单向阀一致。

　　毛细管是制冷系统中的节流装置，其外形细长，这就加大了制冷剂流动中的阻力，从而起到降低压力、限制流量的作用，当空调器停止运转后，毛细管也能够平衡管路中的压力，便于下次启动。

　　干燥过滤器主要有两个作用：一是吸附管路中多余的水分，防止产生冰堵故障，并减少水分对制冷系统的腐蚀；二是过滤，滤除制冷系统中的杂质，如灰尘、金属屑和各种氧化物，以防止制冷系统出现脏堵故障。

技能训练 7.4.2　空调器节流和闸阀组件的检测与代换训练

节流和闸阀组件出现故障后，空调器可能会出现制冷/制热模式不能切换、制冷/制热效果差或不制冷/制热等现象。若节流和闸阀组件堵塞或损坏，就需要对组件中的部件进行检测。一旦发现故障，就需要进行维修或代换。

1．节流和闸阀组件的检测

节流和闸阀组件最常见的故障表现就是结霜，而结霜往往是由于堵塞造成的，根据堵塞的原因不同，可分为油堵、脏堵和冰堵。不论是哪种原因造成的堵塞，都会使空调器运行出现异常。为了确定是否为干燥过滤器出现冰堵或脏堵的故障，可通过对制冷管路各部分的观察进行判断。

（1）空调器干燥过滤器的检测方法

干燥过滤器最常见的故障就是堵塞，为了确定是否为干燥过滤器出现冰堵或脏堵的故障，可通过对制冷管路各部分的观察进行判断。

判断空调器干燥过滤器是否出现故障可通过倾听蒸发器和压缩机的运行声音、触摸冷凝器的温度以及观察干燥过滤器表面是否结霜进行判断。

【图解演示】

图 7-23 所示为蒸发器和干燥过滤器的检查方法。将空调器正常启动，待压缩机运转工作后，用手触摸蒸发器。正常制冷时蒸发器的温度降低，有冰凉感觉（触摸时注意安全）。若蒸发器温度较热，说明干燥过滤器有故障。若蒸发器正常，则需检查干燥过滤器是否正常。若干燥过滤器表面出现凝露或结霜现象，则说明干燥过滤器有脏堵或冰堵故障。

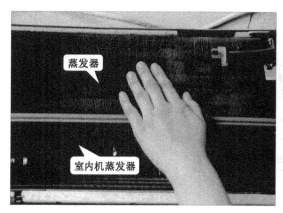

图 7-23　检查蒸发器的温度和干燥过滤器的表面状态是否正常

若确定是干燥过滤器本身的故障后，需将干燥过滤器进行更换，以排除脏堵。

【图解演示】

冷凝器入口和出口处温度的检查方法如图 7-24 所示。若干燥过滤器没有结霜，则应检查冷凝器的入口处和出口处的温度。正常制冷时，冷凝器入口处的温度较高，出口处的温度较低。

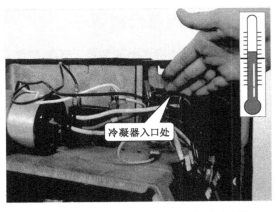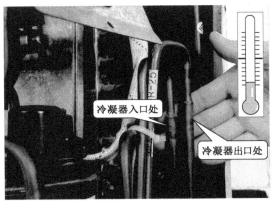

图 7-24　检查冷凝器入口和出口处的温度是否正常

（2）空调器毛细管的检测方法

毛细管出现故障后，空调器可能会出现不制冷（热）、制冷（热）效果差等现象。若怀疑毛细管异常，就需要对毛细管进行检测。毛细管的检测方法通常可分为 3 步：第 1 步是排除毛细管油堵；第 2 步是排除毛细管脏堵；第 3 步是排除毛细管冰堵。

① 排除毛细管油堵

毛细管出现油堵故障，多是因压缩机中的机油进入制冷管路引起的。

【图解演示】

毛细管油堵故障的排除方法如图 7-25 所示。一般可利用制冷、制热交替开机启动来使制冷管路中的制冷剂呈正、反两个方向流动。利用制冷剂自身的流向将油堵冲开。

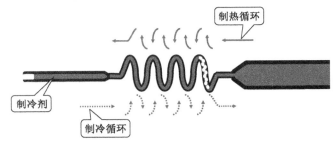

图 7-25　毛细管油堵故障的排除方法

【提示】

若是在炎热的夏天出现油堵故障，可将空调器转换成制热状态，并用冰水给室内温度传感器降温的方法，使空调器进行制冷工作。也可在传感器两端并联一个 20kΩ 电阻，使之维持在制热状态。

② 排除毛细管脏堵

毛细管出现脏堵故障，多是因移机或维修操作过程中，有脏污进入制冷管路引起的。

【图解演示】

毛细管脏堵故障的排除方法如图 7-26 所示。通常采用充氮清洁的方法排除故障，若毛细管堵塞十分严重，则需要对其进行更换。

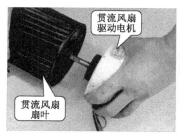

图 7-26　毛细管脏堵故障的排除方法

③ 排除毛细管冰堵

毛细管冰堵多是因充注制冷剂或添加冷冻机油中带有水分造成的，通常用加热、敲打毛细管的方法排除故障。

【图解演示】

图 7-27 示为毛细管冰堵故障的排除方法。迅速启动空调器，倾听蒸发器部位。若听到断续的喷气声，则说明冰堵情况较轻。使用功率较大的电吹风机对着毛细管处加热 3～5 min。直至蒸发器能够有连续的喷气声，说明冰堵故障排除。毛细管冰堵多是因充注制冷剂或添加冷冻机油中带有水分造成的。

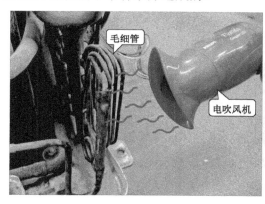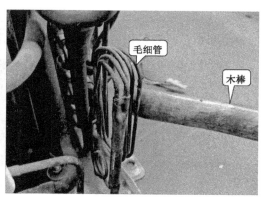

图 7-27　毛细管冰堵故障的排除方法

【提示】

若是由于充注制冷剂后造成的冰堵故障，则应抽真空，重新充注制冷剂；若是因为添加压缩机冷冻机油后造成的冰堵故障，则应先排净冷冻机油后，再重新添加冷冻机油。

2．节流和闸阀组件的代换

一般情况下，冷暖式空调器中，毛细管与单向阀、干燥过滤器安装在室外机体内并连接在一起，位于压缩机上部的支架上。干燥过滤器、毛细管、单向阀出现故障后，空调器可能会出现不制冷（热）、制冷（热）效果差等现象。若干燥过滤器、毛细管、单向阀出现故障，就需要先将这三个部件作为一个整体拆焊，再对其整体进行代换。

（1）对节流和闸阀组件整体进行拆焊

【图文讲解】

节流和闸阀组件安装位置比较特殊，如图 7-28 所示。拆焊时首先对单向阀与管路的焊接口处进行开焊；其次是对干燥过滤器与管路的焊接口处进行开焊。

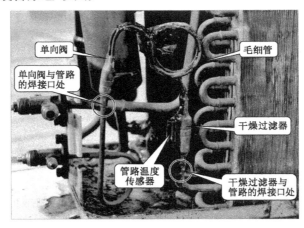

图 7-28　节流和闸阀组件安装位置

① 对单向阀焊接口处进行开焊

首先对单向阀焊接口处进行开焊，使其分离。

【图解演示】

如图 7-29 所示，为了防止高温火焰损坏管路温度传感器，拆焊前，首先将干燥过滤器上的管路温度传感器取下。然后用焊枪对单向阀与铜质管路的焊接口处进行加热。待焊接处加热至暗红色，最后用钳子钳住单向阀并向上提起，即可完成分离。

图 7-29　单向阀焊接口处开焊

② 对干燥过滤器与焊接口处进行开焊

将单向阀与管路接口处分离后，接下来对干燥过滤器与焊接口处进行开焊，使其分离。

【图解演示】

如图 7-30 所示，用焊枪对干燥过滤器与铜质管路的焊接口处进行加热。待焊接口处明显变红后，用钳子钳住干燥过滤器向上提起。将单向阀、毛细管、干燥过滤器作为一体组件从空调器管路上取下。

图 7-30　干燥过滤器与焊接口处进行开焊的操作方法

（2）对节流和闸阀组件整体进行代换

节流和闸阀组件整体取下后，可以使用氮气对其整体进行清洁，若清洁过程中，发现原来的节流和闸阀组件整体脏堵故障严重，则直接用新的对节流和闸阀组件整体进行代换即可。代换时就需要根据脏堵严重的节流和闸阀组件整体的管路直径、大小选择适合的进行代换。选择好后接下来便可对该组件进行代换。

【图解演示】

如图 7-31 所示，首先将干燥过滤器的管口插接到冷凝器一侧的管路中。然后将单向阀的管口插接到与蒸发器连接的管路中。

图 7-31　插入代换的节流和闸阀组件（干燥过滤器、毛细管、单向阀）

【图解演示】

如图 7-32 所示，使用焊枪加热单向阀与管路接口处，当呈现暗红色时，将焊条放置到焊口处熔化，进行焊接。使用焊枪加热干燥过滤器与管路接口处，当呈现暗红色时，将焊条放置到焊口处熔化，进行焊接。

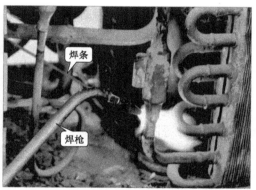

图 7-32　焊接代换的节流和闸阀组件（干燥过滤器、毛细管、单向阀）

任务模块 7.5　空调器压缩机的检测与代换

在学习压缩机的检测与代换之前，首先要对压缩机有一定的了解。对于初学者而言，能够在空调器中找到压缩机的位置，并了解压缩机的结构特点，这是搞定空调器压缩机检测与代换的第一步。

新知讲解 7.5.1　空调器压缩机的结构和功能特点

空调器中的压缩机位于空调器室外机中，压缩机是空调器制冷或制热循环的动力源，它驱动管路系统中的制冷剂往复循环，通过热交换达到制冷的目的。另外压缩机的启动是依托压缩机启动电容实现的。

【图文讲解】

图 7-33 所示为压缩机的功能示意图。

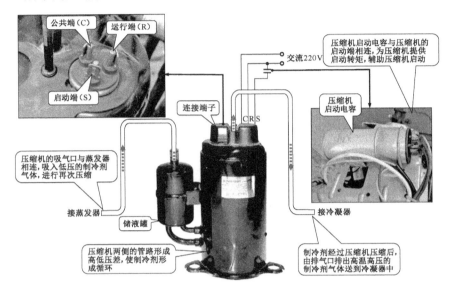

图 7-33　压缩机的功能示意图

从压缩机的外部可看到接线端子、吸气口、排气口和储液罐。接线端子用来插接供电线缆，为压缩机内部的电动机提供供电电压；吸气口和排气口与管路系统相连；储液罐安装在吸气口附近，用来对制冷剂中存在的少量液体进行储存。压缩机的吸气口吸入低压的制冷剂气体，从过压缩机压缩后，经排气口排出高温高压的制冷剂气体，压缩机两侧的管路形成高低压差，使制冷剂形成循环。

另外压缩机启动电容固定在压缩机上方支架上，与压缩机的启动端相连。当压缩机得电后，供电电流分两路分别送到启动端和运行端，用来使单相交流电动机两个绕组中的电流产生相位差，以产生旋转磁场，使单相交流电动机旋转。

【提示】

在普通定频空调器中，压缩机采用的定频压缩机，依托保护继电器和启动电容器驱动；但在变频空调器中，采用变频压缩机，该类压缩机由专门的变频电路驱动，不需要启动电容器，在学习过程中，应注意区分。

技能训练 7.5.2　空调器压缩机的检测与代换训练

压缩机是空调器实现制冷或制热循环的关键部件，若压缩机出现问题，将使空调器管路中的制冷剂不能正常循环运行，造成空调器不能制冷或制热、制冷或制热异常、运行时有噪声等。因此当怀疑压缩机损坏时，需逐步对压缩机进行检测，一旦发现故障，就需要寻找可替代的新压缩机进行代换。

1. 压缩机的检测方法

压缩机的检测主要是检测压缩机中的机械部件、压缩机内电动机绕组的阻值以及压缩机内电动机绕组的绝缘性来判断其好坏的。

（1）检测压缩机中的机械部件

【图解演示】

压缩机中的机械部件都安装在压缩机密封壳内，看不到也摸不着，因此无法直接对压缩机中的机械部件进行检查，大多情况下，可通过倾听压缩机运行时发出的声响进行判断，如图 7-34 所示。

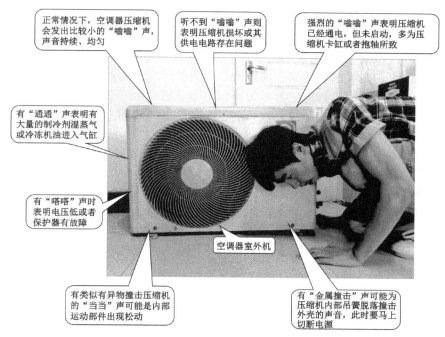

图 7-34　通过倾听检查压缩机内部机械部件的状态

【提示】

● 压缩机交错产生的噪声，可以从以下几个方面采取措施进行消除或调整。

① 对运行部件进行动平衡和静平衡测定。

② 选择合理的进、排气管路，尤其是进气管的位置、长度、管径对压缩机的性能和噪声影响很大，气流容易产生共振。

③ 压缩机壳体的结构、形状、壁厚、材料等与消声效果有直接关系，为减少噪声，可以适当加厚壳壁。

④ 在安装和维修时，连接管的弯曲半径太小，截止阀开启间隙过小，系统发生堵塞，连接管路的使用不符合要求，规格太细且过短，这些因素都将增大运行的噪声。

⑤ 压缩机注入的冷冻油要适量，油量多固然可以增强润滑效果。但增大了机内零件搅动油的声音。因此，制冷系统中的循坏油量不得超过 2 %。

⑥ 选择合理的轴承间隙，在润滑良好的情况下可采用较小的配合间隙，以减少噪声。

⑦ 压缩机的外壳与管路之间的保温减震垫要符合一定的要求。

● 若经检查发现压缩机出现卡缸或抱轴情况，严重时导致的堵转，可能会引起电流迅速增大而使电动机烧毁。对于抱轴、轻微卡缸现象，可通过以下方法消除。

第 1，在接通电源之前，可用木锤或橡胶锤轻轻敲击压缩机的外壳，并不断变换敲击的位置。

第 2，在接通电源后，继续敲打压缩机的外壳直到故障排除。如果卡缸严重，则需要更换压缩机。

【资料链接】

压缩机冷冻机油的油质是整机系统能否良好运行的基本保障，因此，对于压缩机油质、油色的检查在维修时是很有必要的，以确保压缩机正常使用效果和延长寿命期限。

压缩机冷冻机油出现烧焦味的处理方法如下。

① 在检查压缩机冷冻机油时，若冷冻油中无杂质、污物，且清澈透明、无异味，可不必更换压缩机冷冻机油，继续使用。

② 若发现压缩机冷冻机油的颜色变黄，应观察油中有无杂质，嗅其有无焦味，检查系统是否进入空气而使油被氧化及氧化的程度（一般使用多年的正常压缩机，其油色也不会清澈透明）。只要压缩机内没有进入水分，则可不必更换冷冻机油；如果油色变得较深，可拆下压缩机将油倒出，更换新油。对系统主要部件用清油剂进行清洗后，再用氮气进行吹污、干燥处理。

③ 当发现压缩机冷冻机油油色变为褐色时，应检查是否有焦味，并对压缩机内的电动机绕组电阻值进行检测。如果绕线间与外壳间电阻值正常，绝缘良好，则必须更换冷冻机油和清洗系统。对于系统管路内的污染，可采用清洗剂进行清洗。

（2）检测压缩机内电动机绕组间的阻值

空调器压缩机的电动机通常也安装在压缩机密封壳的内部，但电动机的绕组通过引线连接到压缩机顶部的接线柱上，因此可通过对压缩机外部接线柱之间阻值的检测，完成对电动机绕组间阻值的检测。

【图解演示】

在检测前，首先根据标识了解压缩机顶部接线柱与内部电动机绕组的对应关系，如图 7-35 所示。电动机绕组名称用字母标识，其中"C"表示公共端；"R"表示运行端；"S"表示启动端。

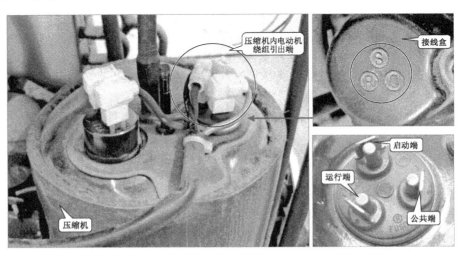

图 7-35　压缩机电动机绕组的识别

检测时，将压缩机绕组上的引线拔下，用万用表分别对电动机绕组接线柱间的阻值进行检测即可。

【图解演示】

空调器压缩机内电动机绕组阻值的检测方法如图 7-36 所示。将万用表的红黑表笔任意搭接在压缩机绕阻端，分别检测公共端与启动端、公共端与运行端、启动端与运行端之间的阻值。

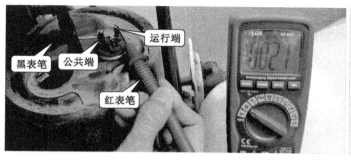

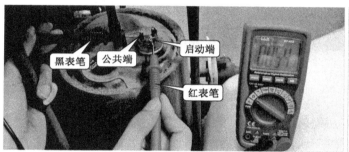

图 7-36 空调器压缩机内电动机绕组阻值的检测方法

观测万用表显示的数值，正常情况下，启动端与运行端之间的阻值等于公共端与启动端之间的阻值加上公共端与运行端之间的阻值。

若检测时压缩机内电动机绕组阻值不符合上述规律，可能绕组间存在短路情况，应更换压缩机；若检测时发现有电阻值趋于无穷大的情况，可能绕组有断路故障，需要更换压缩机。

【提示】

上述为普通空调器定频压缩机内电动机绕组的检测方法和判断结果，而变频空调器中通常采用变频压缩机，该压缩机内电动机多为直流无刷电动机，其内部为三相绕组（用

U、V、W 标识），也可通过检测绕组间阻值的方法判断电动机的好坏，具体检测方法与上述方法相同，不同的是三相绕组两两之间均有一定的阻值，且三组阻值是完全相同的，如图 7-37 所示。

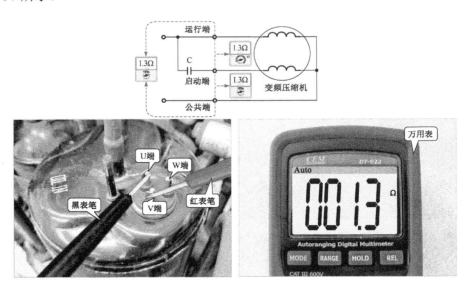

图 7-37　变频压缩机的检测方法

【相关资料】

除了通过检测绕组阻值来判断压缩机的好坏外，还可通过检测运行压力和运行电流来检测压缩机的好坏。运行压力是通过三通压力表阀检测管路压力得到的；而运行电流可通过钳形表进行检测，如图 7-38 所示。

检测运行压力时，首先将三通压力表阀与空调器的三通截止阀工艺管口相连，然后将空调器启动后，便可在压力表上查看到当前的运行压力。

检测运行电流时，首先使用钳形表钳住单根（L）供电线路，然后将空调器启动后，便查看到当前的运行电流。

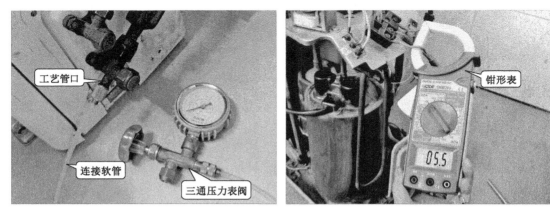

图 7-38　运行压力和运行电流的检测方法

若测得空调器运行压力为 0.8MPa 左右，运行电流仅为额定电流的一半，并且压缩机排气口与吸气口均无明显温度变化，仔细倾听，能够听到很小的气流声，多为压缩机存在窜气的故障。

若压缩机供电电压正常，而运行电流为零，说明压缩机的电动机可能存在开路故障；若压缩机供电电压正常，运行电流也正常，但压缩机不能启动运转，多为压缩机的启动电容损坏或压缩机出现卡缸的故障。

（3）检测压缩机内电动机绕组的绝缘性

正常情况下，压缩机中电动机的绕组与外壳间应为绝缘状态。若出现电动机绕组与外壳间搭接短路，不仅可能造成压缩机故障，还可能会出现空调器室外机漏电情况。一般可借助兆欧表检测电动机绕组与压缩机外壳之间的绝缘性。

【图解演示】

如图 7-39 所示，首先将兆欧表的黑色鳄鱼夹夹在压缩机外壳上，红色鳄鱼夹夹在压缩机绕组的接线柱上，然后顺时针匀速摇动摇杆，经检测空调器压缩机绕组的绝缘电阻阻值为 500。

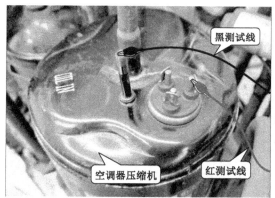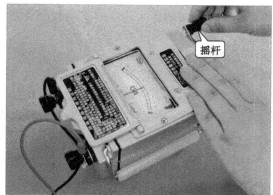

图 7-39　压缩机内电动机绕组绝缘性的检测方法

正常情况下，压缩机内电动机绕组与压缩机外壳之间的阻值应为无穷大（兆欧表指示无穷大）。若测得阻值较小，则说明压缩机内电动机绕组与外壳之间短路，应恢复绝缘性或直接更换压缩机。

2. 压缩机的代换方法

当空调器压缩机老化或出现无法修复的故障时，就需要使用同型号或参数相同的压缩机进行代换。空调器中的压缩机位于室外机一侧，压缩机顶部的接线柱与启动电容等连接；压缩机吸气口、排气口与空调器的管路部件焊接在一起，并通过固定螺栓固定在室外机底座上。因此，拆卸压缩机首先要将电气线缆拔下，接着将相连的管路焊开；然后再设法将压缩机取出，接着根据损坏压缩机型号寻找可替换的压缩机；最后代换压缩机并通电试机。

（1）压缩机与电气部件的分离

在拆卸压缩机时，首先需要将压缩机顶部的接线盒打开，将压缩机与保护继电器、压缩机与启动电容器之间的线缆拔下，实现压缩机与电气部件的分离操作。将压缩机与连接电气部件进行分离。

【图解演示】

如图 7-40 所示，使用钢丝钳分别拆除启动端黄色引线，运行端红色引线以及公共端黑色引线。

图 7-40　压缩机与连接电气部件的分离方法

（2）拆卸压缩机

对压缩机进行开焊操作就是使用气焊设备将压缩机吸气管口与排气管口焊开，使其与制冷管路分离（断开）。压缩机与制冷管路焊开后，使用扳手将位于压缩机底部的固定螺栓拧下，就可以取出压缩机了。

【图解演示】

拆焊前首先找准拆焊部位，如图 7-41 所示。一般以压缩机吸气口、排气口与管路的接口作为拆焊部位。首先将焊枪对准压缩机的吸气口焊接部位，对焊接接口处进行加热。待加热一段时间后，然后用钳子适当用力向上提起管路，即可将吸气口与管路分离。

图 7-41　压缩机吸气口与管路的拆焊

【图解演示】

如图 7-42 所示，接下来，将焊枪对准压缩机的排气口焊接部位，对焊接接口处进行加热，待加热一段时间后，用钳子适当用力向上提起管路，即可将排气口与管路分离。

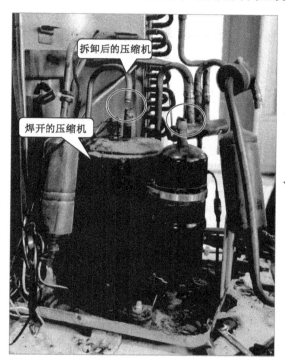

图 7-42　压缩机排气口与管路的拆焊

压缩机的吸气口、排气口与空调器制冷管路分离后，使用扳手将位于压缩机底部的固定螺栓拧下，就可以取出压缩机了。即可完成压缩机的拆焊操作。

【图解演示】

压缩机的拆卸方法如图 7-43 所示。使用扳手将压缩机底座上的固定螺栓拧下，拧下螺栓后，便可将压缩机从室外机中取出。

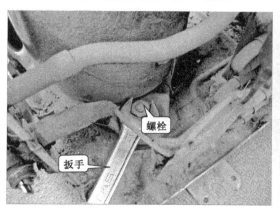

图 7-43　压缩机的拆卸方法

（3）寻找可替代的压缩机

【图解演示】

压缩机损坏就需要根据损坏压缩机的型号、体积大小等规格参数选择适合的器件进行代换，如图7-44所示。

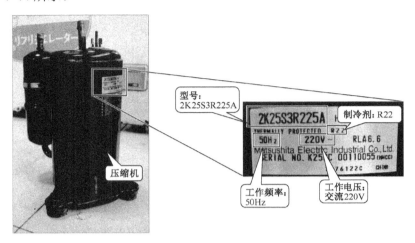

图7-44　变频压缩机的选择方法

（4）代换压缩机并通电试机

将新压缩机安装到室外机中，对齐管路位置后，逐一进行焊接，然后再将压缩机与室外机外壳进行固定。

【图解演示】

如图7-45所示，首先将良好的压缩机放置到空调器室外机中。然后将压缩机的管路与制冷管路对齐，并拧紧压缩机底部的固定螺栓。最后使用焊接设备将压缩机的吸气口和排气口分别与制冷管路焊接在一起。

图7-45　压缩机的代换方法

待压缩机代换完成后，进行检漏、抽真空、充注制冷剂等操作，再通电试机，故障排除。

项目八
▶▶▶ 空调器电路系统的检修技能

任务模块 8.1 空调器电源电路的检修技能

对于初学者而言，在学习空调器电源电路的检修技能之前，首先要对空调器电源电路进行电路分析，能够在分析的过程中知晓单元电路（主要电器部件）的工作原理，并能够根据信号流程对电源电路进行检修。

新知讲解 8.1.1 空调器电源电路的分析

空调器的电源电路主要是将交流 220 V 电压经变换后，分别为空调器的室内机和室外机提供工作电压。

【图文讲解】

图 8-1 所示为典型空调器电源电路的流程框图。

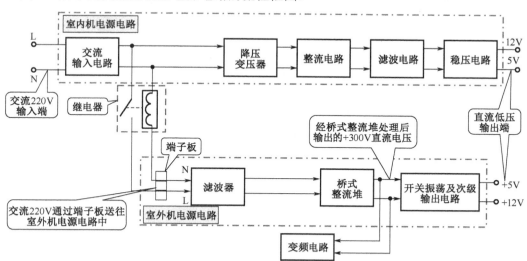

图 8-1 典型空调器电源电路的流程框图

由图可知，空调器接通电源后，交流 220V 通过连接插件为室内机电源电路供电，同时经继电器触点后，为室外机的电源电路部分供电，交流 220V 电源在室外机中经滤波器、桥式整流堆整流后输出 300V 直流电压分别送往变频模块和室外机的开关振荡及次级输出电路，经开关振荡及次级输出电路后输出+12V 和+5V 直流低压，为室外机的控制电路以及其他元器件进行供电；交流 220V 电源在室内机中经降压变压器、整流电路、滤波电路、稳压电路等处理后，输出＋12V、＋5V 的低压电压，为变频空调器的室内机的控制电路提供工作电压。

【相关链接】

室内机的电源电路与市电 220V 输入端子连接，通过接线端子为室内机控制电路板和室外机等进行供电，图 8-2 所示为海信 KFR-35GW/06ABP 型变频空调器室内机的电源电路的实物图。

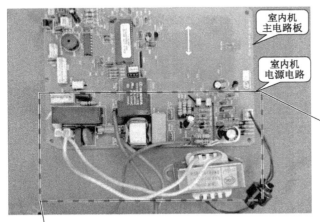

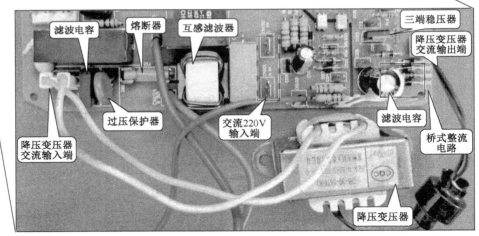

图 8-2　海信 KFR-35GW/06ABP 型变频空调器室内机电源电路的结构

由图可知，变频空调器室内机电源电路主要是由互感滤波器、熔断器、过压保护器、降压变压器、桥式整流电路、三端稳压器和滤波电容等元器件构成的。

【相关链接】

变频空调器室外机的电源电路主要是为室外机控制电路和变频电路等部分提供工作电压，图 8-3 所示为海信 KFR-35GW/06ABP 型变频空调器室外机的电源电路的实物图。

由图可知，变频空调器室外机的电源电路主要是由滤波器、电抗器、桥式整流堆、滤波电感、继电器、滤波电容器、开关变压器、开关晶体管以及发光二极管等构成的。

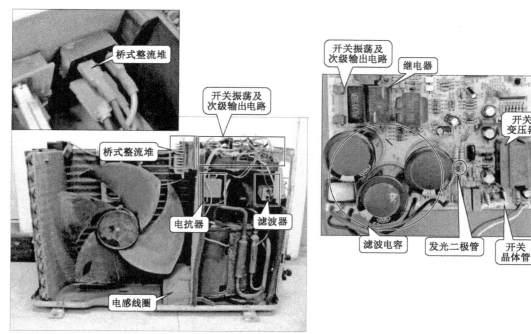

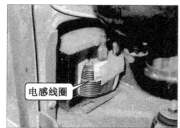

图 8-3 海信 KFR-35GW/06ABP 型变频空调器室外机电源电路的结构

为了进一步掌握空调器电源电路的分析，下面我们以典型变频空调器电源电路为例，分别详细学习一下空调器室内机电源电路和室外机电源电路的分析。

1. 变频空调器室内机电源电路的分析

【图文讲解】

图 8-4 所示为典型变频空调器室内机电源电路的工作原理图，结合电源电路的结构，我们从图中可以找到互感滤波器 L05、降压变压器、桥式整流电路（D02、D08、D09、D10）、三端稳压器 IC03（LM7805）等。

空调器开机后，交流 220V 为室内机供电，先经滤波电容 C07 和互感滤波器 L05 滤波处理后，经熔断器 F01 分别送入室外机电源电路和室内电源电路板中的降压变压器。

室内机电源电路中的降压变压器将输入的交流 220V 电压进行降压处理后输出交流低压电，再经桥式整流电路以及滤波电容后，输出+12V 的直流电压，为其他元器件以及电路板提供工作电压。

+12V 直流电压经三端稳压器内部稳压后输出+5V 电压，为变频空调器室内机各个电路提供工作电压。

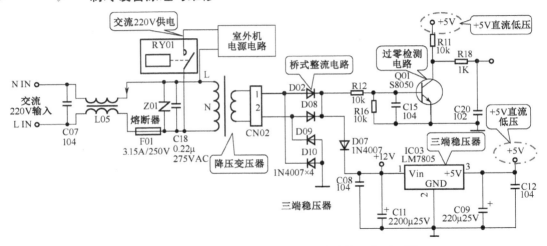

图 8-4　典型变频空调器室内机电源电路的工作原理图

桥式整流电路的输出为过零检测电路提供 100Hz 的脉动电压，经 Q01 形成 100 Hz 脉冲作为电源同步信号送给微处理器。

2．变频空调器室外机电源电路的分析

图 8-5 所示为典型变频空调器室外机电源电路原理图。变频空调器室外机的电源是由室内机通过导线供给的，交流 220V 电压送入室外机后，分成两路，一路经整流滤波后为变频模块供电，另一路经开关振荡及次级输出电路后形成直流低压为控制电路供电。

由图可知，结合空调器室内机电源电路的结构，我们将该室外机电源电路划分为 3 个部分，即交流输入及整流滤波电路部分、开关振荡及次级输出电路部分、保护电路部分。然后从交流输入电路部分开始，顺信号流程逐级分析。

（1）交流输入及整流滤波电路

变频空调器室外机的交流输入及整流滤波电路主要是由滤波器、电抗器、桥式整流堆等元器件构成的。

室外机的交流 220V 电源是由室内机通过导线供给的，交流 220V 电压送入室外机后，经滤波器对电磁干扰进行滤波后送到电抗器和滤波电容中，再由电抗器和滤波电容进行滤波消除脉冲干扰或噪波后，将交流电送往桥式整流堆中进行整流，整流后输出约 300V 的直流电压为室外机的开关振荡及次级输出电路以及变频电路提供工作电压。

（2）开关振荡及次级输出电路

可以看到，变频空调器室外机电源电路的开关振荡及次级输出部分主要是由熔断器 F02、互感滤波器、开关晶体管 Q01、开关变压器 T02、次级整流、滤波电路和三端稳压器 U04（KIA7805）等构成的。

由图可知，+300V 供电电压一路经滤波电容（C37、C38、C400）以及互感滤波器 L300 滤除干扰后，送到开关变压器 T02 的初级绕组，经 T02 的初级绕组加到开关晶体管 Q01 的集电极。

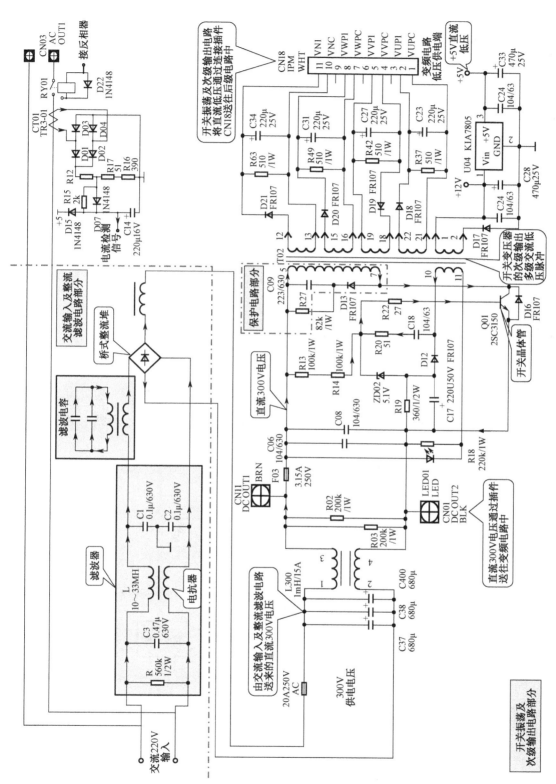

图 8-5 典型变频空调器室外机电源电路原理图

另一路+300V 供电电压经启动电阻 R13、R14、R22 为开关晶体管基极提供启动信号，开关晶体管开始启动，开关变压器 T02 的初级绕组（⑤脚和⑦脚）产生启动电流，并感应至 T02 的次级绕组上，其中，正反馈绕组（⑩脚和⑪脚）将感应的电压经电容器 C18、电阻器 R20 反馈到开关晶体管（Q01）的基极，使开关晶体管进入振荡状态。

开关晶体管进入振荡的工作状态后，开关变压器次级输出多组脉冲低压，分别经整流二极管 D18、D19、D20、D21 整流后为控制电路进行供电；经 D17、C24、C28 整流滤波后，输出＋12V 电压。

12V 直流低电压经三端稳压器 IC03 稳压后，输出＋5V 电压，为室外机控制电路提供工作电压。

（3）室外机电源电路中的保护电路部分

变频空调器室外机的开关振荡及次级输出电路中，在开关晶体管的集电极电路中设有保护的电路。也就是在开关变压器 T02 的初级绕组⑤脚和⑦脚上并联 R27、C09 和二极管 D13 组成了脉冲吸收电路。

这样，可以使开关晶体管工作在较安全的工作区内，减小开关晶体管的截止损耗，吸收在开关晶体管截止时线圈产生的反峰脉冲。

技能训练 8.1.2　空调器电源电路的检修训练

对空调器的电源电路进行检修时，可依据故障现象分析出产生故障的具体原因，并根据电源电路的信号流程对可能产生故障的部件逐一进行排查。

当电源电路出现故障时，首先应对电源电路输出的直流低压进行检测，若电源电路输出的直流低压均正常，则表明电源电路正常；若输出的直流低压有异常，可顺电路流程对前级电路进行检测。

【图解演示】

图 8-6 所示为空调器电源电路的检修流程和检修部位。

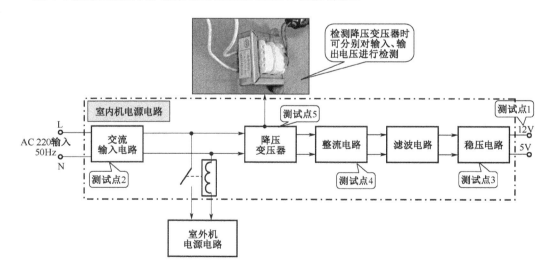

（a）空调器室内机电源电路的检修分析

图 8-6　空调器电源电路的检修流程和检修部位

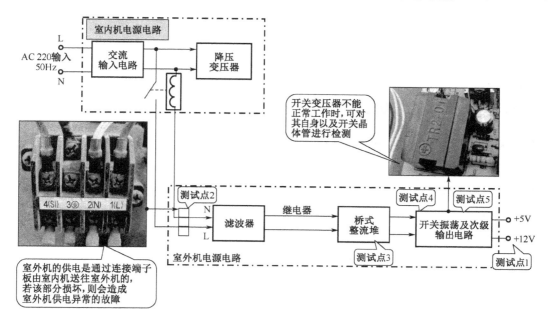

（b）空调器室外机电源电路的检修分析

图 8-6　空调器电源电路的检修流程和检修部分（续）

当空调器的电源电路出现故障后，应根据其电路结构和信号流程进行分析，再按照基本检修流程，对可能发生故障的元器件进行检修。

空调器室内机电源电路的检修分析：

测试点 1：检测室内机电源电路输出的直流低压是否正常；

测试点 2：检测室内机电源电路中的熔断器是否正常；

测试点 3：检测三端稳压器是否正常；

测试点 4：检测室内机电源电路中的桥式整流电路是否正常；

测试点 5：检测降压变压器是否正常；

空调器室外机电源电路的检修分析：

测试点 1：检测室外机电源电路输出的低压直流是否正常；

测试点 2：检测室内机与室外机之间的接线端子板是否正常；

测试点 3：检测桥式整流堆的输入、输出是否正常；

测试点 4：检测开关变压器是否正常；

测试点 5：检测开关晶体管是否正常；

【提示】

当电源电路出现故障时，可首先采用观察法检查电源电路的主要元件有无明显损坏迹象，如观察熔断器有无断开、炸裂或烧焦的迹象。然后检查其他主要元器件有无脱焊或插接不良的现象，如观察互感滤波器线圈有无脱焊，引脚有无松动，+300 V 滤波电容有无爆裂、鼓包等现象。如出现上述情况则应立即更换损坏的元器件。

任务模块 8.2　空调器显示和遥控接收电路的检修技能

对于初学者而言，在学习空调器显示和遥控接收电路的检修技能之前，首先要对空调器显示和遥控接收电路进行电路分析，能够在分析的过程中知晓单元电路（主要电器部件）的工作原理，并能够根据信号流程对显示和遥控接收电路进行检修。

新知讲解 8.2.1　空调器显示和遥控接收电路的分析

空调器的显示和遥控电路是显示工作状态、接收遥控信号的电路。遥控接收器将接收的红外光信号转换成电信号，送给室内机的微处理器；显示电路则是用于显示空调器当前的工作状态；遥控发送器用来发送遥控信号。

【图文讲解】

图 8-7 所示为典型空调器显示和遥控接收电路的流程框图。

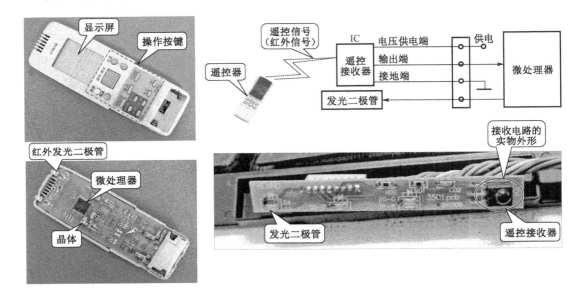

图 8-7　典型空调器显示和遥控接收电路的流程框图

从图中可以看出，用户通过遥控器将人工指令信号以红外光的形式发送给空调器室内机的接收电路，接收电路将接收的信号进行转换后，并进行放大、滤波和整形处理变成控制脉冲，然后送给空调器室内机控制电路的微处理器，同时微处理器对显示电路进行控制，用来显示空调器当前的工作状态。

为了进一步掌握空调器显示和遥控接收电路的分析，下面我们以典型空调器显示和遥控接收电路为例，详细学习一下空调器显示和遥控接收电路的分析。

【图文讲解】

图 8-8 所示为典型变频空调器室内机电源电路，由图可知，结合电源电路的结构，我们从图中可以找到由互感滤波器 L05、降压变压器、桥式整流电路（D02、D08、D09、D10）、三端稳压器 IC03（LM7805）等。

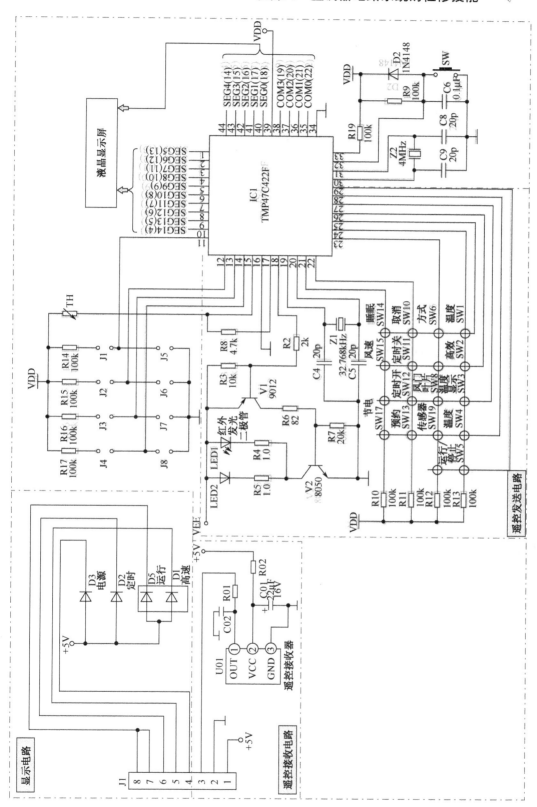

图 8-8　典型变频空调器显示和遥控器收电路的工作原理图

根据空调器显示和遥控电路的流程图，结合当前电路的结构，我们将该电路划分为三个部分，即遥控发送电路、遥控接收电路和显示电路。然后从遥控发送电路部分开始，顺信号流程逐级分析。

（1）遥控发送电路部分

遥控发送电路主要是由微处理器、操作电路和红外发光二极管等构成的。遥控器通电后，其内部电路开始工作，用户通过操作按键输入人工指令，该指令经微处理器处理后，经 V1、V2 放大后去驱动红外发光二极管，红外发光二极管 LED1 和 LED2 通过辐射窗口将控制信号发射出去。

（2）遥控接收电路部分

遥控接收电路由室内机电源电路供电，主要用来接收由遥控器送来的红外信号。

遥控接收器的②脚送入 5V 工作电压，①脚输出遥控信号并送往微处理器中，为控制电路输入人工指令信号。

（3）显示电路部分

该空调器的显示电路主要由四个发光二极管构成，主要是在微处理器的驱动下显示当前空调器的工作状态。

由图可知，发光二极管 D3 主要用来显示空调器的电源状态；发光二极管 D2 主要用来显示空调器的定时状态；发光二极管 D5 和 D1 分别用来显示空调器的运行和高速状态。

技能训练 8.2.2　空调器显示和遥控接收电路的检修训练

显示和遥控接收电路是变频空调器实现人机交互的部分，若该电路出现故障经常会引起控制失灵、显示异常等现象，对该电路进行检修时，可依据故障现象分析出产生故障的原因，并根据遥控电路的信号流程对可能产生故障的部件逐一进行排查。

当遥控电路出现故障时，首先应对遥控器中的发送部分进行检测，若该电路正常，再对室内机上的接收电路进行检测。

【图解演示】

图 8-9 所示为典型空调器显示和遥控接收电路的检修流程和检修部位。

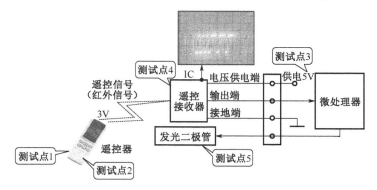

图 8-9　典型空调器显示和遥控接收电路的检修流程和检修部位

测试点 1：检测遥控发送电路的 3V 供电电压是否正常。

测试点 2：检测红外发光二极管是否良好。

测试点 3：检测遥控接收电路的 5V 供电电压是否正常。

测试点 4：检测遥控接收器输出的遥控信号是否正常。

测试点 5：检测发光二极管是否良好。

任务模块 8.3　空调器控制电路的检修技能

对于初学者而言，在学习空调器控制电路的检修技能之前，首先要对空调器控制电路进行电路分析，能够在分析的过程中知晓单元电路（主要电器部件）的工作原理，并能够根据信号流程对控制电路进行检修。

新知讲解 8.3.1　空调器控制电路的分析

控制电路是控制压缩机、电磁四通阀、风扇电动机等电气部件协调运行的电路。控制电路是以微处理器为核心的自动检测、自动控制电路，用以对空调器中各部件的协调运行进行控制。

在空调器的室内机与室外机中都设有独立的控制电路，两个电路之间由电源线和信号线连接，完成供电和相互交换信息（室内机、室外机的通信），控制室内机和室外机各部件协调工作。

【图文讲解】

图 8-10 所示为典型空调器控制电路的流程框图。

空调器工作时，室内机微处理器接收各路传感元件送来的检测信号，包括遥控器指定运转状态的控制信号、室内环境温度信号、室内管路温度信号（蒸发器管路温度信号）、室内机风扇电动机转速的反馈信号等。室内机微处理器接收到上述信号后便发出控制指令，其中包括室内机风扇电动机转速控制信号、变频压缩机运转频率控制信号、显示部分的控制信号（主要用于故障诊断）和室外机传送信息用的串行数据信号等。

同时，室外机微处理器从监控元件得到感应信号，包括来自室内机的串行数据信号、电流传感信号、吸气管温度信号、排气管温度信号、室外温度信号、室外管路（冷凝器管路）温度信号等。室外机微处理器根据接收到的上述信号，经运算后发出控制指令，其中包括室外机风扇电动机的转速控制信号、变频压缩机运转的控制信号、电磁四通阀的切换信号、各种安全保护监控信号、用于故障诊断的显示信号以及控制室内机除霜的串行信号等。

为了进一步掌握空调器控制电路的分析，下面我们以典型变频空调器控制电路为例，分别详细学习一下空调器室内机控制电路和室外机控制电路的分析。

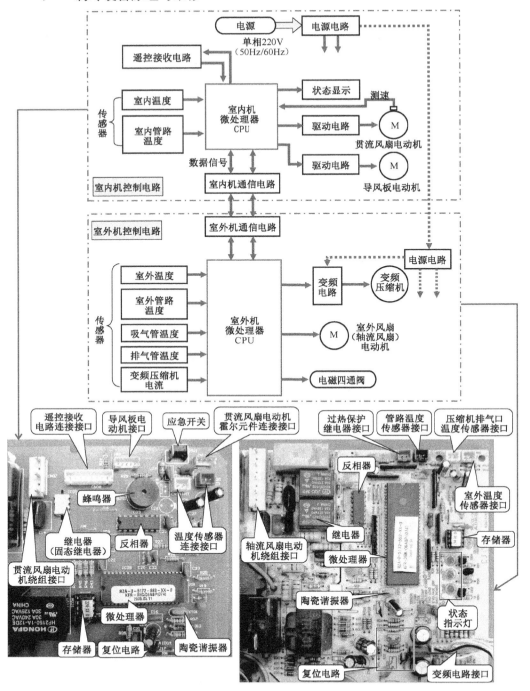

图 8-10 典型空调器控制电路的流程框图

1. 变频空调器室内机控制电路的工作原理

【图文讲解】

图 8-11 所示为海信 KFR-35GW/06ABP 型变频空调器的室内机控制电路原理图。该电路是以微处理器 IC08 为核心的自动控制电路。

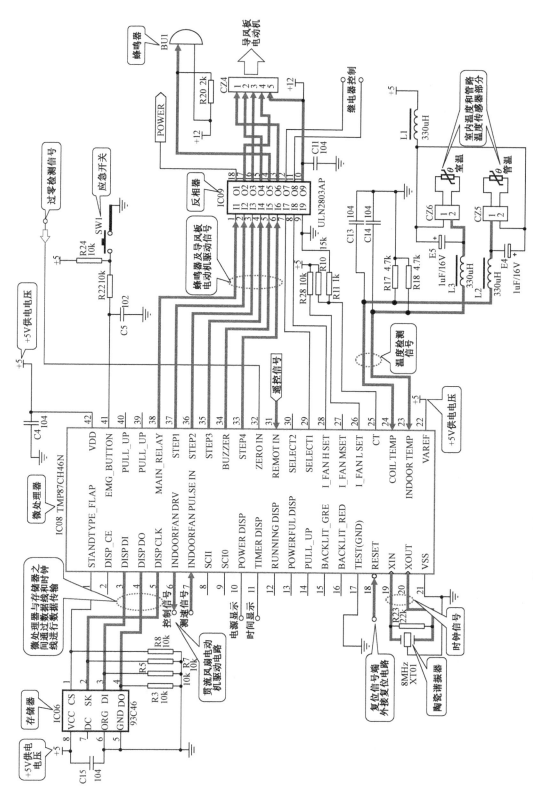

图 8-11　海信 KFR-35GW/06ABP 型变频空调器的室内机控制电路原理图

（1）供电电路

变频空调器开机后，由电源电路送来的+5V 直流电压，为变频空调器室内机控制电路部分的微处理器 IC08 以及存储器 IC06 提供工作电压，其中微处理器 IC08 的㉒脚和㊷脚为+5V 供电端，存储器 IC06 的⑧脚为+5V 供电端。

（2）指令输入电路

接在微处理器㉛脚外部的遥控接收电路，接收用户通过遥控器发射器发来的控制信号。该信号作为微处理器工作的依据。此外㊶脚外接应急开关，也可以直接接收用户强行启动的开关信号。微处理器接收到这些信号后，根据内部程序输出各种控制指令。

（3）复位电路

开机时微处理器的电源供电电压是由 0 上升到+5V 时，这个过程中启动程序有可能出现错误，因此需要在电源供电电压稳定之后再启动程序，这个任务是由复位电路来实现的。

IC1 是复位信号产生电路，②脚为电源供电端，①脚为复位信号输出端，当电源+5 V加到②脚时，经 IC1 延迟后，由①脚输出复位电压，该电压经滤波（C20、C26）后加到CPU 的复位端⑱脚上。

复位信号比开机时间有一定的延时，防止电源供电未稳的状态 CPU 启动。

（4）时钟电路

室内机控制电路中微处理器 IC08 的⑲脚和⑳脚与陶瓷谐振器 XT01 相连，该陶瓷谐振器是用来产生 8 MHz 的时钟晶振信号，作为微处理器 IC08 的工作条件之一。

在微处理器内部设有时钟振荡电路，与引脚外部的陶瓷谐振器构成时钟电路，为整个电路提供同步时钟信号。

（5）存储器电路

微处理器 IC08 的①脚、③脚、④脚和⑤脚与存储器 IC06 的①脚、②脚、③脚和④脚相连，分别为片选信号（CS）、数据输入（SI）、数据输出（SO）和时钟信号（CLK）。

在工作时微处理器将用户设定的工作模式、温度、制冷、制热等数据信息存入存储器。信息的存入和取出是经过串行数据总线 SDA 和串行时钟总线 SCL 进行的。

（6）室内风扇（贯流风扇）电动机驱动电路

微处理器 IC08 的⑥脚输出贯流风扇电动机的驱动信号，⑦脚输入反馈信号（贯流风扇电动机速度检测信号）。

贯流风扇电动机由交流 220V 电源供电。当微处理器 IC08 的⑥脚输出贯流风扇电动机的驱动信号时，固态继电器 TLP3616 内发光二极管发光，TLP3616 中的晶闸管受发光二极管的控制，当发光二极管发光时，晶闸管导通，有电流流过，交流输入电路的 L 端（火线）经晶闸管加到贯流风扇电动机的公共端，交流输入电路的 N 端（零线）加到贯流风扇电动机的运行绕组，再经启动电容 C 加到电动机的启动绕组上，此时贯流风扇电动机启动带动贯流风扇运转。

同时贯流风扇电动机霍尔元件将检测到的贯流风扇电动机速度信号由微处理器 IC08的⑦脚送入，微处理器 IC08 根据接收到的速度信号，对贯流风扇电动机的运转速度进行调节控制。

（7）导风板电动机驱动电路

微处理器 IC08 的㉝脚～㊲脚输出蜂鸣器以及导风板电动机的驱动信号，经反相器 IC09

后控制蜂鸣器及导风板电动机工作。

直流+12V 接到导风板电动机两组线圈的中心抽头上。微处理器经反相放大器控制线圈的 4 个引出脚，当某一引脚为低电平时，该脚所接的绕组中便会有电流流过。如果按一定的规律控制绕组的电流就可以实现所希望的旋转角度和旋转方向。

（8）传感器接口电路

检测室内环境温度的温度传感器（热敏电阻）设置在蒸发器的表面，检测管路温度的温度传感器设置在蒸发器的盘管处。温度传感器接在电路中，使之与固定电阻构成分压电路，将温度的变化变成直流电压的变化，并将电压值送入微处理器（CPU）的㉓、㉔脚，微处理器根据接收的温度检测信号输出相应的控制指令。

（9）通信接口电路

⑪、⑫脚为室内微处理器与室外微处理器进行通信的接口，室内机的微处理器可以向室外机发送控制信号。室外机微处理器也可以向室内机回传控制信号，即将室外机的工作状态回传，以便由室内机根据这些信息进行协调控制，同时还可根据异常信号判别系统是否出现异常。

2．变频空调器室外机控制电路的工作原理

【图文讲解】

图 8-12 所示为海信 KFR-35GW/06ABP 型变频空调器室外机的控制电路原理图。该电路是以微处理器 U02 为核心的自动控制电路。

（1）供电电路

变频空调器开机后，由室外机电源电路送来的+5V 直流电压，为变频空调器室外机控制电路部分的微处理器 U02 以及存储器 U05 提供工作电压，其中微处理器 IC08 的(55)脚和(64)脚为+5V 供电端，存储器 IC06 的⑧脚为+5V 供电端。

（2）复位和时钟电路

室外机控制电路得到工作电压后，由复位电路 U03 为微处理器提供复位信号，微处理器开始运行工作。

同时，陶瓷谐振器 RS01(16 M)与微处理器内部振荡电路构成时钟电路，为微处理器提供时钟信号。

（3）存储器电路

存储器 U05(93C46)用于存储室外机系统运行的一些状态参数，例如，变频压缩机的运行曲线数据、变频电路的工作数据等；存储器在其②脚（SCK）的作用下，通过④脚将数据输出，③脚输入运行数据，室外机的运行状态通过状态指示灯指示出来。

（4）室外风扇（轴流风扇）电动机驱动电路

风扇电动机采用绕组抽头结构，改变抽头接线可实现速度控制。室外机微处理器 U02 向反相器 U01(ULN2003A)输送驱动信号，该信号从①、⑥脚送入反相器中。反相器接收驱动信号后，控制继电器 RY02 和 RY04 导通或截止。通过控制继电器的导通/截止，从而控制室外风扇电动机的转动速度，使风扇实现低速、中速和高速的转换。电动机的启动绕组接有启动电容。

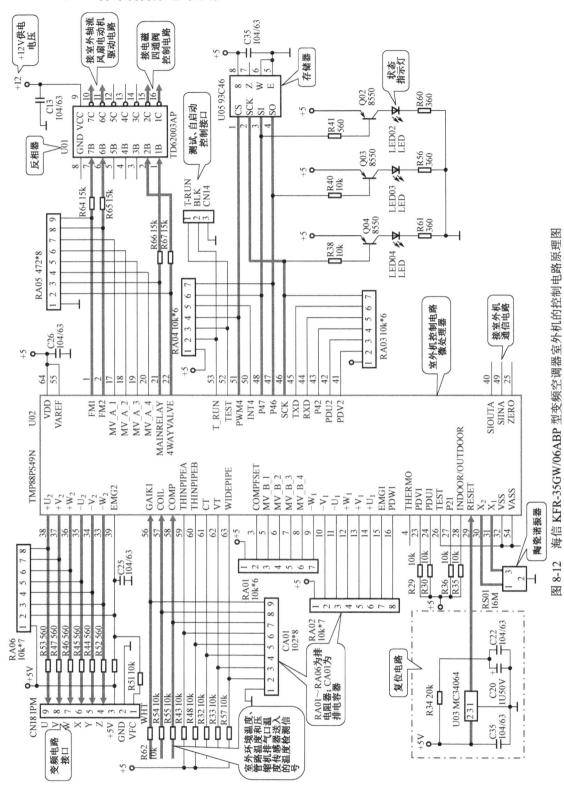

图 8-12 海信 KFR-35GW/06ABP 型变频空调器室外机的控制电路原理图

（5）电磁四通阀控制电路

空调器电磁四通阀的线圈供电是由微处理器控制的，微处理器的控制信号经过反相器放大后去驱动继电器，从而控制电磁四通阀的动作。

在制热状态时，室外机微处理器 U02 输出控制信号，送入反相器 U01(ULN2003A)的②脚，经反相器放大的控制信号，由其⑮脚输出，使继电器 RY03 工作，继电器的触点闭合，交流 220V 电压经该触点为电磁四通阀供电，来对内部电磁导向阀阀芯的位置进行控制，进而改变制冷剂的流向。

（6）传感器接口电路

室外机组中设有一些温度传感器为室外微处理器提供工作状态信息。例如，室外温度传感器、管路温度传感器以及变频压缩机吸气口、排气口温度传感器等都是为室外机微处理器提供参考信息。温度传感器实际就是热敏电阻器。

设置在室外机检测部位的温度传感器通过引线和插头接到室外机控制电路板上。经接口插件分别与直流电压+5V 和接地电阻相连，然后加到微处理器的传感器接口引脚端。温度变化时，温度传感器的阻值会发生变化。温度传感器与接地电阻构成分压电路，分压点的电压值会发生变化，该电压送到微处理器中，在内部传感器接口电路中经 A/D 变换器将模拟电压量变成数字信号，提供给微处理器进行比较判别，以确定对其他部件的控制。

（7）变频接口电路

室外机主控电路工作后，接收由室内机传输的制冷/制热控制信号后，便对变频电路进行驱动控制，经由接口 CN18 将驱动信号送入变频电路中。

（8）通信电路

微处理器 U02 的⑩脚、⑲脚、㉕脚为通信电路接口端。其中，由⑲脚接收，由通信电路（空调器室内机与室外机进行数据传输的关联电路）传输的控制信号，并由其⑩脚将室外机的运行和工作状态数据经通信电路送回室内机控制电路中。

技能训练 8.3.2　空调器控制电路的检修训练

控制电路是空调器中的关键电路，控制电路中各部件不正常都会引起控制电路故障，进而引起空调器出现不启动、制冷/制热异常、控制失灵、操作或显示不正常等现象，对该电路进行检修时，应首先采用观察法检查控制电路的主要元件有无明显损坏或脱焊、插口不良等现象，如出现上述情况则应立即更换或检修损坏的元器件，若从表面无法观测到故障点，则需根据控制电路的信号流程以及故障特点对可能引起故障的工作条件或主要部件逐一进行排查。

【图解演示】

图 8-13 所示为空调器控制电路的检修流程和检修部位。

当空调器的控制电路出现故障后，应根据其电路结构和信号流程进行分析，再按照基本检修流程，对可能发生故障的元器件进行检修。

测试点 1：检测微处理器可通过检测微处理器的工作条件、输入和输出信号判断微处理器是否损坏。

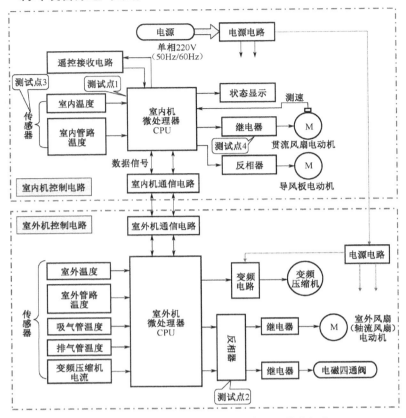

图 8-13　空调器控制电路的检修流程和检修部位

测试点 2：检测反相器可通过检测反相器的输入、输出电压或引脚对地阻值判断反相器是否损坏。

测试点 3：检测温度传感器可通过检测温度传感器在断路状态下输入的电压值或开路状态下的阻值变化判断温度传感器是否损坏。

测试点 4：检测继电器可通过检测继电器的阻值判断继电器是否损坏。

任务模块 8.4　空调器通信电路的检修技能

对于初学者而言，在学习空调器通信电路的检修技能之前，首先要对空调器通信电路进行电路分析，能够在分析的过程中知晓单元路（及主要电器部件）的工作原理，并能够根据信号流程对通信电路进行检修。

新知讲解 8.4.1　空调器通信电路的分析

通信电路主要是用于变频空调器中，通信电路分别安装在室内机控制电路与室外机控制电路中，主要是实现室内机与室外机之间进行数据传输的电路，是由室内机通信电路和室外机通信电路两部分构成。

【图文讲解】

图 8-14 所示为典型变频空调器中通信电路的功能示意图。

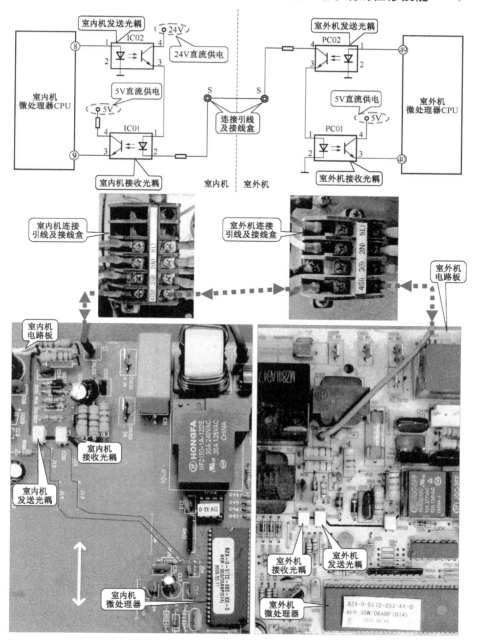

图 8-14　典型变频空调器中通信电路的功能示意图

由图 8-14 可见，室内机与室外机的信息传输通道是一条串联的电路，信息的接收和发送都用这一条线路，为了确保信息的正常传输，室内机 CPU 与室外机 CPU 之间采用时间分割的方式，室内机向室外机发送信息 50ms，然后由室外机向室内机发送信息 50 ms。

为此，电路系统在室内机向室外机传输信息期间，要保持信道的畅通。例如室内机向室外机发送信息时，室外机 CPU 的脚保持高电平使 PC02 处于导通状态，持续 50ms；当室外机向室内机发送信息时，室内机 CPU 的⑧脚处于高电平，使 IC02 处于导通状态。

当室外机微处理器控制电路收到室内机工作指令信号后，室外机的微处理器根据当前的工作状态产生应答信息，该信息经通信电路中的室外机发送光耦 PC02 将光信号转换成电信号，并通过连接引线及接线盒将该信号送至室内机接收光耦 IC01，将反馈信号送至室内机微处理器中，由此完成一次通信过程。

【提示】

变频空调器通电后，室内机微处理器输出的指令，经通信电路的室内机发送光耦 IC02 内光敏晶体管送往室内机接收光耦 IC01 中（发光二极管），经②脚送出，由连接引线及接线盒传送到室外机发送光耦 PC02 内，由 PC2 的③脚输出电信号送至室外机接收光耦 PC01，将工作指令信号送至室外机微处理器中。室内机发送出信号后，等待接收，若未接收到反馈信号，则会再次发送当前的指令信号，若仍无法收到反馈信号，则进行出错报警提示；室外机接收室内机指令状态时，若接收不到室内机指令，则会一直处于等待接收指令状态。

为了进一步掌握空调器通信电路的分析，下面我们以典型空调器通信电路为例，分别详细学习一下空调器通信电路的分析。

【图文讲解】

图 8-15 所示为海信 KFR-35GW/06ABP 型空调器中通信电路的电路图，由图可知，该电路主要是由室内机发送光耦 IC02（TLP521）、室内机接收光耦 IC01（TLP521）、室外机发送光耦 PC04（TLP521）、室外机接收光耦 PC03（TLP521）等构成的。

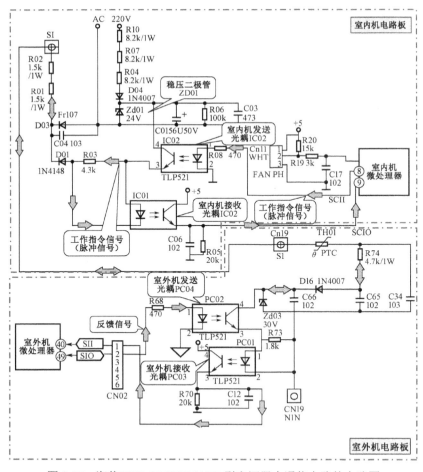

图 8-15　海信 KFR-35GW/06ABP 型空调器中通信电路的电路图

根据空调器通信电路的流程图，结合当前通信电路的结构，我们将该通信电路划分成2个部分，即室内机的通信电路和室外机的通信电路，以海信 KFR-35GW/06ABP 型空调器中的通信电路为例。然后从室内机通信电路部分开始，顺着信号流程逐级分析。

（1）室内机的通信电路

海信 KFR-35GW/06ABP 型空调器的室内机通信电路部分主要是由发送光耦 IC02、接收光耦 IC01、二极管 D01、稳压二极管 ZD01 等构成的。

空调器开机后，由室内机微处理器（CPU）的⑪脚输出的工作指令信号（脉冲信号）经室内机发送光耦 IC02，传到通信线路中，由通信线路以及连接插件 SI 送到室外机的接收光耦 PC01 中。

空调器室外机微处理器（CPU）通过通信线路送回反馈信号，经连接插件 SI 送到室内机接收光耦 IC01 并送回室内机微处理器（CPU）。

（2）室外机的通信电路

海信 KFR-35GW/06ABP 型空调器的室外机通信电路部分主要是由发送光耦 PC04、接收光耦 PC03、二极管 D16、稳压二极管 ZD03 等构成的。

室外机的接收光耦 PC04 将室内机通信电路送来的工作指令信号（脉冲信号）通过连接插件 CN02 送入室外机的微处理器中（SII 端）。

室外机微处理器收到由室内机送来的指令后，由信息输出端（SIO）送出反馈信号，经室外机发送光耦 PC04 传到通信线路，并通过连接插件 SI 传到室内机接收光耦 IC01，经 IC01 送至室内机微处理器中，完成通信过程。

【提示】

通信电路使用的电源为专用 24V 电压，该电压为交流 220V 经整流稳压电路为通信电路中的收发光耦提供工作偏压。

技能训练 8.4.2　空调器通信电路的检修训练

通信电路是变频空调器中的重要的数据传输电路，若该电路出现故障通常会引起空调器室外机不运行或运行一段时间后停机等不正常现象，对该电路进行检修时，可根据通信电路的信号流程对可能产生故障的部件逐一进行排查。

【图解演示】

图 8-16 所示为空调器通信电路的检修流程和检修部位。

当电冰箱的控制电路出现故障后，应根据其电路结构和信号流程进行分析，再按照基本检修流程，对可能发生故障的元器件进行检修。例如，在室内机发送、室外机接收信号状态下，若室内机微处理器输出脉冲信号正常，则在其发送光耦上、室外机接收光耦上、室外机微处理器接收端都应有跳变电压，否则说明通信电路存在断路情况，顺信号流程逐级检测即可排除故障；在室外机发送、室内机接收信号状态下，若室外机微处理器输出脉冲信号正常，则在其发送光耦上、室内机接收光耦上、室内机微处理器接收端都应有跳变电压，否则说明通信电路存在断路情况，顺信号流程逐级检测即可排除故障。

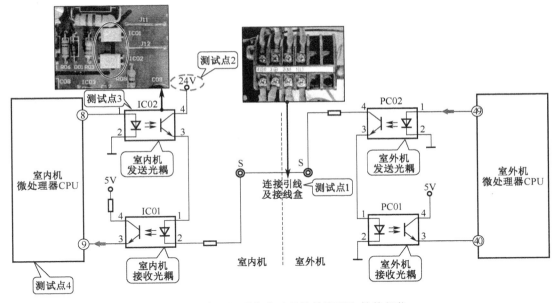

图 8-16　空调器通信电路的检修流程和检修部位

测试点 1：检测室内机与室外机之间接线盒部分有无跳变的电压。

测试点 2：检测通信电路中主要通信回路工作电压是否正常。

测试点 3：检测通信光耦是否正常。

测试点 4：检测通信电路微处理器通信信号引脚处的电压是否正常。

【相关链接】

变频空调器的室外机与室外机进行通信的信号为脉冲信号，用万用表检测应为跳变的电压，因此在通信电路中，室内与室外机连接引线接线盒处、通信光耦的输入侧和输出侧、室内/室外微处理器输出或接收引脚上都应为跳变的电压。因此，对该电路部分的检测，可分段检测，跳变电压消失的地方，即为主要的故障点。

任务模块 8.5　空调器变频电路的检修技能

对于初学者而言，在学习空调器变频电路的检修技能之前，首先要对空调器变频电路进行电路分析，能够在分析的过程中知晓单元电路（主要电器部件）的工作原理，并能够根据信号流程对变频电路进行检修。

新知讲解 8.5.1　空调器变频电路的分析

变频空调器采用变频调速技术，通过改变供电频率的方式进行调速从而实现制冷量（或制热量）的变化。为了实现对压缩机转速的调节，变频空调器机内部设有一个变频电路，为压缩机提供变频驱动电压。

变频空调器室外机变频电路的主要功能就是为变频压缩机提供驱动信号，用来调节变频压缩机的转速，实现空调器制冷剂的循环，完成热交换的功能。

【图文讲解】

图8-17所示为典型变频空调器中变频电路的流程框图。该电路主要是由智能功率模块、光电耦合器、连接插件或接口以及外围元器件等构成的。

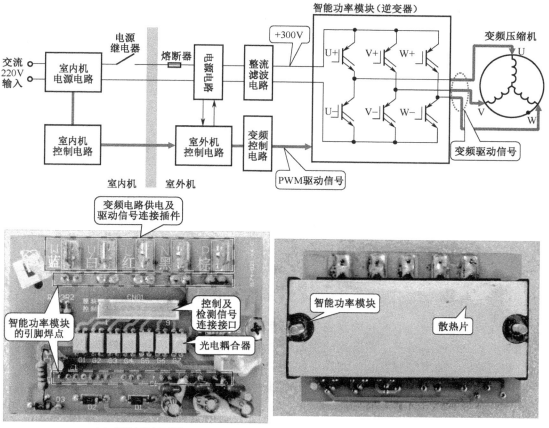

（a）变频电路板正面　　　　　　　　　　（b）变频电路板背面

图8-17　典型变频空调器中变频电路的流程框图

从图中可以看出，交流220V经变频空调器室内机电源电路送入室外机中，经室外机电源电路以及整流滤波电路后，变为300V直流电压，为智能功率模块中的IGBT管进行供电。

同时由变频空调器室内机控制电路将控制信号送到室外机控制电路中，室外机控制电路根据控制信号对变频电路进行控制，由变频控制电路输出PWM驱动信号控制智能功率模块，为变频压缩机提供所需的变频驱动信号，变频驱动信号加到变频压缩机的三相绕组端，使变频压缩机启动运转，变频压缩机驱动制冷剂循环，进而达到冷热交换的目的。

技能训练8.5.2　空调器变频电路的检修训练

变频电路中各工作条件或主要部件不正常都会引起变频电路故障，进而引起变频空调器出现不制冷/制热、制冷/制热效果差、室内机出现故障代码等现象。对该电路进行检修时，应首先采用观察法检查变频电路的主要元件有无明显损坏或脱焊、插口不良等现象，如出现上述情况则应立即更换或检修损坏的元器件；若从表面无法观测到故障点，则需根据变频电路的信号流程以及故障特点对可能引起故障的工作条件或主要部件逐一进行排查。

【图解演示】

图 8-18 所示为空调器变频电路的检修流程和检修部位。

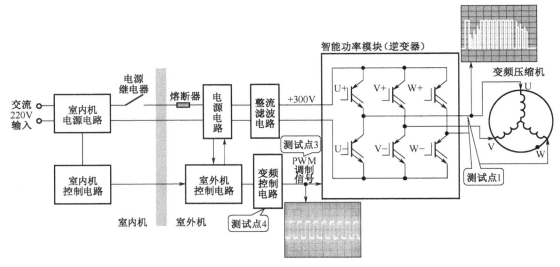

图 8-18　空调器变频电路的检修流程和检修部位

测试点 1：检测功率模块输出的变频压缩机驱动信号是否正常。

测试点 2：检测电源电路送来的直流供电电压是否正常。

测试点 3：检测变频控制电路送来的 PWM 驱动信号是否正常。

测试点 4：检测变频控制电路中的光电耦合器是否正常。

【资料链接】

当空调器的变频电路出现故障后，应根据其电路结构和信号流程进行分析，再按照基本检修流程，对可能发生故障的元器件进行检修。

检修时，从一个电路的输出端作为入手点进行检测，是检测电路最快捷的一种方法。因为只要输出端有输出信号，则说明该电路是正常的，无须再进行检测；若无输出信号，则说明该电路未工作或损坏，再进行进一步检测。

制冷设备原理与维修——索引

项目一 制冷设备的基础知识

任务模块 1.1 电冰箱的结构特点

新知讲解 1.1.1 知晓电冰箱的整机结构

图 1-1 选自《全程图解变频电冰箱维修技能速递》图 1-1 和《电冰箱维修就这几招》图 1-1

图 1-2 选自《电冰箱维修就这几招》图 1-2

图 1-3 选择《电冰箱维修就这几招》图 1-3

新知讲解 1.1.2 了解电冰箱的内部构成

图 1-4 选自《电冰箱维修就这几招》图 1-4

任务模块 1.2 电冰箱的工作原理

新知讲解 1.2.1 理顺电冰箱的工作过程

图 1-5 选自《电冰箱维修就这几招》图 1-33

图 1-6 选自《电冰箱维修就这几招》图 1-34

图 1-7 选自《电冰箱维修就这几招》图 1-35

图 1-8 选自《电冰箱维修就这几招》图 1-36

图 1-9 选自《电冰箱维修就这几招》图 1-37

图 1-10 选自《电冰箱维修就这几招》图 1-38

新知讲解 1.2.2 搞清电冰箱的工作原理

图 1-11 选自 《电冰箱维修就这几招》图 1-28

图 1-12 选自《程图解变频电冰箱维修技能速递》图 1-26

图 1-13 选自《电冰箱维修就这几招》图 1-30

图 1-14 选自《电冰箱维修就这几招》图 1-31

图 1-15 选自《电冰箱维修就这几招》图 1-32

任务模块 1.3 空调器的结构特点

新知讲解 1.3.1 知晓空调器的整机结构

图 1-16 选自《空调器维修就这几招》图 1-1

图 1-17 选自选自《空调器维修就这几招》图 1-2

图 1-18 选自《空调器维修就这几招》图 1-3

图 1-19 选自《空调器维修就这几招》图 1-4

图 1-20 《空调器维修就这几招》图 1-5

新知讲解 1.3.2 了解空调器的内部构成

图 1-21 选自《空调器维修就这几招》图 1-6

图 1-22 选自《空调器维修就这几招》图 1-14

任务模块 1.4　空调器的工作原理

新知讲解 1.4.1　理顺空调器的工作过程

图 1-23 选自《变频空调器维修全程精通》图 1-25

图 1-24 选自《简单轻松学制冷维修》图 2-3

新知讲解 1.4.2　搞清空调器的工作原理

图 1-25 选自《全程图解变频空调器维修技能速递》图 2-4

图 1-26 选自《全程图解变频空调器维修技能速递》图 2-6

图 1-27 选自《全程图解变频空调器维修技能速递》图 2-1

图 1-28 选自《全程图解变频空调器维修技能速递》图 2-2

项目二　制冷设备的故障特点和检修分析

选自《简单轻松学制冷维修》第 8 章　《电冰箱、空调器维修就这几招》第 4 章

任务模块 2.1　电冰箱的故障特点和检修分析

新知讲解 2.1.1　了解电冰箱的故障特点

技能训练 2.1.2　做好电冰箱的检修分析

任务模块 2.2　空调器的故障特点和检修分析

新知讲解 2.2.1　了解空调器的故障特点

技能训练 2.2.2　做好空调器的检修分析

项目三　掌握制冷设备管路加工连接的基本技能

选自《全程图解变频空调器维修技能》第 3 章、《简单轻松学制冷维修》第 2 章

任务模块 3.1　制冷管路切管的技能训练

新知讲解　认识切管工具

技能训练　切管的操作训练

任务模块 3.2　制冷管路扩管的技能训练

新知讲解　认识扩管工具

技能训练　扩管的操作训练

任务模块 3.3　制冷管路焊接的技能训练

新知讲解　认识气焊设备

技能训练　焊接管路的操作训练

项目四　掌握制冷设备的基本操作技能

选自《空调器维修就这几招》第 3 章、《图解空调器维修快速入门》

任务模块 4.1　充氮检漏的测试技能训练

技能训练 4.1.1　电冰箱充氮检漏测试训练

技能训练 4.1.2　空调器充氮检漏测试训练

技能训练 6.1.2　电冰箱电源电路的检修训练

图 6-4 选自《电冰箱维修就这几招》图 5-28

任务模块 6.2　电冰箱操作显示电路的检修技能

新知讲解 6.2.1　电冰箱操作显示电路的分析

图 6-5 选自《全程图解变频电冰箱维修技能速递》图 5-10

图 6-6 选自《图解电冰箱维修快速入门》P175

图 6-7 选自《全程图解变频电冰箱维修技能速递》图 5-11

图 6-8 选自《电冰箱维修就这几招》图 5-54

技能训练 6.2.2　电冰箱操作显示电路的检修训练

任务模块 6.3　电冰箱控制电路的检修技能

新知讲解 6.3.1　电冰箱控制电路的分析

图 6-9 选自《全程图解变频电冰箱维修技能速递》图 7-8

图 6-10 选自《电冰箱维修就这几招》图 5-8

技能训练 6.3.2　电冰箱控制电路的检修训练

图 6-11 选自《电冰箱维修就这几招》图 5-40

任务模块 6.4　电冰箱变频电路的检修技能

新知讲解 6.4.1　电冰箱变频电路的分析

图 6-12 选自《图解电冰箱维修快速入门》P194

图 6-13 选自《电冰箱维修全程精通》图 10-2

图 6-14 选自《图解电冰箱维修快速入门》P196

技能训练 6.4.2　电冰箱变频电路的检修训练

图 6-15 选自《电冰箱维修就这几招》图 5-64

项目七　空调器主要部件的检测与代换技能

选择《简单轻松学制冷维修》第 10 章、《空调器维修完全精通》

任务模块 7.1　空调器贯流风扇组件的检测与代换

新知讲解 7.1.1　空调器贯流风扇组件的结构和功能特点

技能训练 7.1.2　空调器贯流风扇组件的检修与代换训练

任务模块 7.2　空调器轴流风扇组件的检测与代换

新知讲解 7.2.1　空调器轴流风扇组件的结构和功能特点

技能训练 7.2.2　空调器轴流风扇组件的检修与代换训练

任务模块 7.3　空调器四通阀的检测与代换

新知讲解 7.3.1　空调器四通阀的结构和功能特点

技能训练 7.3.2　空调器四通阀的检修与代换训练

任务模块 7.4　空调器节流和闸阀组件的检测与代换

新知讲解 7.4.1　空调器节流和闸阀组件的结构和功能特点

反侵权盗版声明

电子工业出版社依法对本作品享有专有出版权。任何未经权利人书面许可，复制、销售或通过信息网络传播本作品的行为；歪曲、篡改、剽窃本作品的行为，均违反《中华人民共和国著作权法》，其行为人应承担相应的民事责任和行政责任，构成犯罪的，将被依法追究刑事责任。

为了维护市场秩序，保护权利人的合法权益，我社将依法查处和打击侵权盗版的单位和个人。欢迎社会各界人士积极举报侵权盗版行为，本社将奖励举报有功人员，并保证举报人的信息不被泄露。

举报电话：（010）88254396；（010）88258888

传　　真：（010）88254397

E-mail：　　dbqq@phei.com.cn

通信地址：北京市万寿路 173 信箱

　　　　　电子工业出版社总编办公室

邮　　编：100036